蝶变

东湖绿道规划与实践

武汉市自然资源和规划局
武汉市土地利用和城市空间规划研究中心 编著

中国建筑工业出版社

图书在版编目（CIP）数据

蝶变：东湖绿道规划与实践/武汉市自然资源和规划局，武汉市土地利用和城市空间规划研究中心编著. —北京：中国建筑工业出版社，2020.4
ISBN 978-7-112-24970-1

Ⅰ.①蝶…　Ⅱ.①武…　②武…　Ⅲ.①城市道路—道路绿化—绿化规划—研究—武汉　Ⅳ.①TU985.18

中国版本图书馆CIP数据核字（2020）第044867号

责任编辑：刘　丹
书籍设计：锋尚设计
责任校对：王　瑞

蝶变　东湖绿道规划与实践
武汉市自然资源和规划局　武汉市土地利用和城市空间规划研究中心　编著
*
中国建筑工业出版社出版、发行（北京海淀三里河路9号）
各地新华书店、建筑书店经销
北京锋尚制版有限公司制版
北京富诚彩色印刷有限公司印刷
*
开本：787毫米×1092毫米　1/12　印张：15⅔　插页：6　字数：280千字
2020年12月第一版　2020年12月第一次印刷
定价：**190.00元**
ISBN 978 - 7 - 112 -24970 - 1
（35417）

本书编辑委员会

序

卡尔维诺曾经在《看不见的城市》中设想过这样一种情形，假如一个微小的城市越来越大，成为由众多不断扩张的同心区域构成的巨大网状城市，会怎么样？环顾四周，想象中的情景已经成为21世纪的生活现实。

充满工业化印记的城市，日益雷同的建筑与设计，渐趋同质化的城市景观，无不折射出人类对自身生活环境的想象限度。现代城市发展面临的诸多挑战之一就是我们创造了太多冷冰冰的钢筋水泥式建筑。这种无止尽重复的城市图景，亟需超越。新的可持续性城市人居，亟需创造与再创造。

《武汉东湖绿道实施规划》正是这样一种对于都市水体作用与潜力的重新想象。这一重新想象得到了人们的喜爱，一期工程结束至今游客数量一再创下新高。

武汉的优越之处不仅在于两江三岸的壮丽风光，还有诸多的城中湖。在这之中，作为中国最大城市水体的东湖，其禀赋与作用无可替代，并且在近几十年来得到了妥善的保护。作为所有人心中不可替代的绿色中心，随着近些年来武汉城市建设的高速发展，我们应该并且也有能力围绕它再次展开想象。以绿道为中心的城市设计及其相关的重建项目和措施让这种可能性成为现实。

绿道让东湖与整个城市融为一体。东湖原本处于城市的边缘，随着城市的发展被蚕食和污染。绿道项目让东湖的地位得以显现，并为城市环抱涵纳。不断开放延伸的绿道成为一种城市尺度的公共空间项目，与所有的公共空间一样，作为一个关联性场所，消弭了城市与自然的界限，每一期的绿道建设都是更深一层的融合体现，让它们成为人们享受城市核心绿地的一个有意义场所。

东湖一直以来丰富着武汉地理与人文之间的关联，绿道的加入让这种联系变得更为丰富。武汉大学、中国地质大学武汉校区、华中科技大学、黄鹤楼、昙华林、湖北省图书馆、湖北省博物馆等公共空间，都以不同的方式与东湖的自然风貌结合在一起，使得漫步湖岸变成一种全新而自在的生活方式。

东湖绿道并不只是一个远离生活的更好去处，在其宏大的尺度和以人为本的重述思想之上，更是当代武汉精神的展现。同时也代表着我们对于未来的希望，人们诗意地栖居在现代化都市之中，远离污染、亲近自然，享受着公共空间所营造的文化氛围与品质生活。

我们如何塑造作为自身生息之地的城市，不仅反映着我们所有的社会与文化内质，同时也反映着我们本身。武汉东湖与东湖绿道，正体现着我们的期待。

布鲁诺·德肯
联合国人居署亚太区域办事处高级官员

Preface

What would happen if a tiny city became larger and larger, as Calvino suggested in "Invisible Cities" (1972)? Would they become a large mesh of more and more concentric and expanding regions? Looking around, this imaginary scene has become a reality of cities in the 21st century.

The industrialized city, with repetitive architectural design and homogeneous urban landscapes : are these reflecting the imaginary limits of the human living environment. One of the many challenges of contemporary urban development is that we produce hard and unwelcoming towers, streets and blocks. This endlessly repetitive urban experience needs to be surpassed. New opportunities for sustainable urban living needs to be generated and regenerated.

The Wuhan Eastlake Greenway is a municipal programme that reimagined the role and potentials of a water body in a metropolitan city. The reimagination was embraced by people, with visitor numbers having skyrocketed since the completion of its Phase 1.

Wuhan is endowed with magnificent riverbanks along the Yangtze and moreover many urban lakes. But the East Lake is the largest urban waterbody in China and was for many decades already protected as such. However, with the recent strong metropolitan development of Wuhan, it became possible and achievable to re-imagine the East Lake as an irreplaceable green center for all people. The Greenway urban design and associated regeneration policies and interventions catapulted this possibility into reality.

The Greenway blends East Lake with the entire city. The lake was the edge of the historical Wuhan and city expansion happed for long as a creeping encroachment, with the associated pollutive impacts. The Greenway project now allow the East Lake to be magnificently embraced by the city. The ever-extending Greenway is city-scale public space intervention. As public spaces do, they make places of connection, eliminating the boundary between the city and nature. Each development phase of the East Lake programme will need to result in a deeper integration, adding meaningful places for people to enjoy the shared qualities and comforts of a central green urban space.

The East Lake already enhances interconnections of places and people, with the surrounding areas connecting to and blending with the Greenway. Public venues such as Wuhan University, the China University of Geosciences, the Huazhong University of Science and Technology, the historical Yellow Crane Tower monument and the Tan Hualin heritage area, the Hubei Provincial Library, the Hubei Provincial Museum and other places are now connecting, through green urban design interventions with the East Lake in many different ways, making it possible to enjoy the shore of the Lake and the advantages of its open spaces.

The East Lake Greenway has become about more than leisure. It is now embodying the spirit of a contemporary Wuhan, through its scale and by delivering people-centered regeneration dividends. It raises expectations for the future, with regard to living in metropolitan cities for all, without pollution and with access to nature and enabled to enjoy a quality of life aided by meaningful public spaces.

How we shape a city where we live is a reflection of our human, social and cultural qualities. Wuhan's East Lake and its Greenway is convincingly demonstrating these ambitions.

Bruno Dercon

目　录

序　4

第四章

第五章

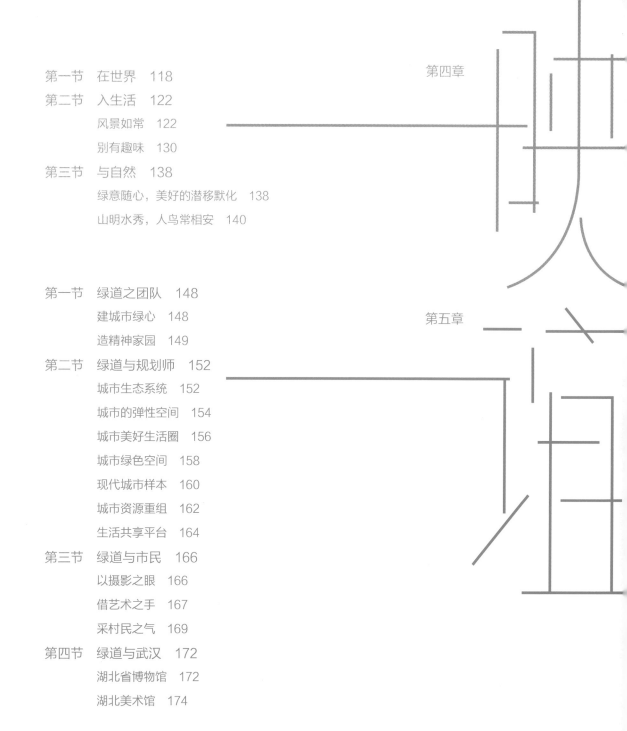

第一章

数字技术时代的城市，并不是金属色的。

绿道的缘起，正是人们对现代城市生活"茧房化"境况的应对与超越。

在科技高速发展的时代，万物得以互联，人与自然的联系也重新得以建立。我们生活在更具流动性的空间之中，数字技术又在真实之上叠上一层虚拟。在工业时代之后的社会想象与设计城市的未来，不再只是关于固定空间的规划制图。这是一条无限延展的生命之途，一个在不断变化与变革的情境中持续建构和生成的未来。

在过去的20年中，与每一个快速向前并急遽变大的城市一样，武汉一直都在思考未来的方向和行进的步伐。遍及城中的绿道，正是关于这个问题的答案。

在《明日的田园城市》中，只是一个普通速记员的霍华德绘制过一把通向未来社会的"万能钥匙"，"钥匙"的不同部位分布着现代社会的各种要素，在最顶端的位置，是新形态的城市。这部出版于120年前幻想色彩浓厚的著作，迄今仍是城市规划思想史上的瑰宝。他在序言中说："社会与自然的分隔再也不能继续下去了。"

霍华德所期盼的未来，就是我们的现实。

第一节

发端：

城市与绿道

在21世纪，每一座充满活力的城市，也都日益成为渐趋拥挤的居所。

亚里士多德曾经说过，人们聚集到城市是为了生活，期望在城市中生活得更好。芒福德也曾如此表达对自己时代的城市规划的不满，"大街必须笔直，不能拐弯，也不能为了保护一所珍贵的古建筑或一棵稀有的古树而使大街的宽度稍稍减少几英尺。"这让他追问，人在这样的城市体系中的位置究竟在哪里？

城市生活不应再只是两点一线和仪式般的游园观览。日益膨胀的城市与高速的经济发展，并不是人类社会与现代生活的全部。让生活与自然和谐，是现代城市生态化发展的各种路径都试图达到的目标。

作为一种新形态的城市构成要素，绿道不仅是行走之道，也是构建城市有机体的重要脉络，更是一条串联城市生态网络的极具延展性的路径。绿道的建设兴起基于生态化的现代社会发展观念，使人们的日常生活与自然相谐，让城市生活不只是穿行于钢筋森林。

绿道的出现为高密度的城市提供了弹性空间，也将城市居民的生活延展开来，在改善与丰富城市空间与内容的同时也重塑了生活状态与环境。以人为中心，从圆心不断漾开的生活圈层不再是数点一线，而是身处与自然更为和谐的融合性情境之中。让绿色就在家门口，让自然成为生活本身。

十余年来，武汉市在绿道规划和建设上的实践不负民众满怀的期待。目前，武汉规划建设的绿道总长度已有长达2200km，其中最有代表性的正是东湖绿道。作为国内最长的5A级景区城市环湖绿道，东湖绿道目前的长度已有101.98km，一、二期工程已完工。东湖绿道集生态、文化、休闲、景观、通行于一体，贯穿了武汉重要功能区，连接大学、文化中心、湖泊、丘陵、郊区等重要空间与地区。

自建成与开放以来，东湖绿道人流如织，老幼相携，阖家同游，全民共享，从真正意义上实现了各类景观区域与游赏体验的日常化与丰富性。水杉擎天、堤岸蜿蜒、繁花错落的湖中道上景象斑斓而又舒阔。磨山道中，登台远眺，在向上的每一步都能体验空间与景观的变换。湖心岛、阳光坡、红砖房、郊野道不仅花陌芬馥，更有田园意趣。东湖绿道不仅"还路于民、还绿于民、还湖于民、还景于民"，也是武汉立足国际视野，建设世界级生态惠民项目的一次成功探索。

两江聚流，百湖星布，江水把武汉划为三镇，东湖如今又以百里的绿道把整个城市的律动连成一体。在这一巨大的循环系统中，武汉生活不再有城市与郊野之分，东湖离武汉人的生活越来越近，最终相融相生。将自然与人以及城市连接起来的正是这条绿道。

今天，在绿道中行走着的人们，不再只是观景者，而是风景之中的生活者。湖在城中，道环湖生，山光水色，澄性怡情。东湖绿道的价值不仅在于多次获得设计与规划学界的国际荣誉，或被称为世界级绿道，而且在于它让湖城相融，使山水相依，为生态留白，为发展增绿。

正所谓百里绿道，千载民生。

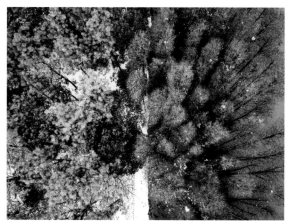

图1-1　绿道的出现为高密度城市提供了弹性空间，也将城市居民的生活延展开 | 东湖绿道运营管理公司提供

图1-2　行走之外，绿道更是构建城市有机体的重要脉络 | 何小百　摄

〉 拓展"绿道"涵义 〈

接触到"绿道"这个词，是在武汉还没有绿道时。从广义上说，它是具有生态、游憩、文化、审美等多功能的可持续发展的绿色开敞空间。一般城市中所谓的绿带、林荫大道、公园路及两侧建有步行系统的休闲城市道路都属于绿道，所以有时它也被称为生态网络、生态廊道或环境廊道。

"绿道"内涵很广，在不同的环境和条件下有不同的含义，因此，对这一概念的定义总会有一定的局限性。不同的研究者对绿道的定义也不尽相同。

目前世界上通用的"Greenway"和国内使用的"绿道"均出现在20世纪50年代以后，但绿道的理念很早就已出现。世界上公认的真正意义上的绿道始建于1867年，是Frederick Law Olmsted设计的美国波士顿公园绿道。该规划将富兰克林公园通过阿诺德公园、牙买加公园和波士顿公园以及其他绿地系统联系起来。该绿地系统长达25km，连接了波士顿、布鲁克林和坎布里奇，并将其与查尔斯河相连。

中国1998年出现了"绿色通道"的概念，与"绿道"较为类似。在学术界，中国台湾中国文化大学环境设计学院景观所所长郭琼莹的观点比较全面，她认为"绿道"为一线形的开放空间，通常沿自然廊道如水岸、溪谷、山脊或铁路而行，也可作为游憩场地、交通穿越道、景观道路、行人穿越道或自行车道。其本身具有的开放空间将公园、自然保护区、文化特色区域、历史遗迹彼此连接，同时也连接着人口密集地区、地域性的狭长形或线形公园。

当然，"绿道"在不同环境和条件下有不同含义，并且它是一个不断变化的概念，单纯对"绿道"进行定义存在诸多局限性。绿道的实质是通过提供多种联系促进多类别的活动，满足具体的、不同种类使用者的需求，应不拘泥于绿道的形式，而注重绿道的实际功能和用途，能弹性地适应政府需要和公众需求。

从绿道内涵来看，以线成网的绿道应是公共空间的一种典型的网状形式，是一种串联起区域内其他点状和面状公共空间的有效方式。

东湖绿道如今面向大众免费开放，从形式来说，它具有较高的连通性，也能够最大限度地延伸至城市的各个角落，通过绿道串联城市功能组团、公园绿地、广场、防护绿地、生态绿地等。

从某种意义上而言，相比于其他公共场所，东湖绿道的建设能够在真正意义上实现城市公共空间平等共享，给市民提供了更可达、更完善、更生态、更包容的公共休闲空间。

此外，东湖绿道本身具有的生态性和观赏性，是有效改善现有城市空间的重要手段，绿道的建设往往能够激活城市沉睡的生态资源，串联城市中埋藏的景致，激发市民的热情和兴致，让大家能够最大限度地参与建设和享受成果，这不仅仅是一种物质空间的改善，更是一种发展理念的提升和生活方式的进步。

〉 绿道传承了城市生活美学 〈

一座有活力的城市，必定有互动，那么也必定具有互动的空间，绿道是其中最基础且最重要的部分。

绿道自身作为城市空间的一部分，让人们在其中参与社会活动，促成良好的秩序，满足不同社会阶层的交流需求，融合不同社会个体的体验，促进城市公共资源、管理资源向公共空间集中，这样才能让每一个市民享受到城市发展带来的福祉，享受到公共生活的乐趣。

图1-3 绿道是可行走的道路、绿廊、绿色公共活动带，并延伸到城乡绿色产业带
| 俞诗恒 摄

绿道作为城市空间，并不局限于某一种界定，可以将其理解为四个方面：一是可行走的道路，二是一条绿廊，三是绿色公共活动带，四是延伸到城乡的绿色产业带。

从绿道的"公共性"功能来看，它的功能更多表现在第一和第二的功能形态上。例如，在英国绿道都不叫"绿道"，而叫"公共小道"，其密度很大，遍布全国城乡，将城市中不同类型的绿色通道组成"绿链"，规定城市发展只能限于"绿链"之内。这样，"绿链"不仅成了城市的一条绿色生态长廊，而且还成了一条控制城市无序蔓延的"紧箍咒"。

"绿链"从功能上不仅控制着城市外部空间的发展趋势，也影响着城市内部空间的组织架构，其公共生态空间的形态促进城市整体公共空间结构的生态化，也丰富了自身公共空间的内容和功能。

从绿道的"公共性"价值来看，它的价值主要是在第三和第四的绿色公共活动产业带上，更倾向于它所引发的生活价值和经济价值。

美国绿道的发展经历过"以生态功能还是旅游功能"为主的争论，但从一开始美国绿道就被视为一项重大经济产业规划，通过复合功能的绿道建设，刺激经济增长。曼哈顿将一个滨水游憩道建设成一个滨水区的游憩绿道，作为人们步行、轮滑、自行车及其他非机动车交通使用，成为人气最高、商业氛围最浓的城市公共空间。

日本通过绿道打造了具有地方特色的自然景观。他们对国内主要河道编号加以保护，通过滨河绿道建设，为植物生长和动物繁衍栖息提供了空间，同时串联起沿线的名山大川、风景胜地，为城市居民提供了体验自然的机会。京都30km鸭川步道以自然、野趣聚集了超高人气。

图1-4 在城市中心地带的东湖绿道，使市民出门不远即可享受绿色生活｜俞诗恒 摄

图1-5 东湖绿道的概念可向武汉其他湖泊"复制"，建立起武汉湖泊公共空间系统｜俞诗恒 摄

新加坡也通过增加绿道的休闲旅游、文化艺术、公共游乐、城市商业等功能结合，扩大了户外交往空间，让绿道成为享誉世界的品牌。

德国鲁尔区则用绿道串联了7个都市绿地和19个景观公园，将景观、生态休闲和游憩等多种功能集聚为一，使被污染的埃姆舍尔河流域得到生态恢复的同时，充分发挥其景观和休闲功能以及绿带的经济效益，并通过塑造自然与人文和谐共生的绿色空间增强了市民的交往与集聚。

总体看来，绿道架起了"景、城、产、人"协调的连接网，以公共空间的形式促进城市生态空间的发展，以自身不断演化的进程促进城市社会、经济、生活的绿色转型。

东湖绿道在前期规划中，正是集合了上述思考。作为一个公共活动带，从某种程度上来说，它改变了市民的生活活动地理空间结构，增强了市民的认同感，有助于促进健康的生活方式，同时有效传承了一座城市的生活美学。

〉 让世界遇见最美武汉 〈

"用绿道的形式将城市最大公共空间还之于民非常重要，其他城市也有湖区，武汉可作为一个很好的示范。"联合国人居署亚太区办事处高级人居官员布鲁诺·德肯（Bruno Dercon）表示，在目前中国城镇化率已达到60%的背景下，武汉向中国和世界的其他城市做出了很好的展示。

他认为，与伦敦、荷兰、日本等地的世界知名绿道相比，东湖绿道有独特之处。"在国外，绿道通常建在郊野，人们必须开车前往游玩。而东湖绿道就在城市中心地带，人们游玩非常方便，出门不远即可享受绿色生活。"

随着中国快速城镇化和人口膨胀，在城市建设中，像东湖绿道这样的考量还是很少的。这个项目向世界发出一个信号，说明中国的城镇化正在进入一个更注重人的活动和生态环境、更加以人为本的转型期，由此，武汉将成为世界城市的"明星"。东湖绿道的概念甚至可以向武汉其他湖泊"复制"，建立起武汉湖泊公共空间系统。

随着绿道建设不断完善，武汉市提出了创新"大湖+"模式，东湖绿道着手打造国际、科创、休闲、体育文化功能区及生态体验区等主题功能区。

作为2019年第七届世界军人运动会主赛场之一，东湖承办了马拉松、自行车赛、帆船等赛事。其中，马拉松赛道42.195km、自行车赛道17km，共涉及绿道约40km。

东湖绿道的出现让生产、生活与生态实现完美融合，建设城湖相融、山水相依、文景相生的滨水生态绿城，让世界遇到最美的武汉，让武汉望见最好的未来。

第二节

故事：
东湖与绿道

图1-6 "城湖共生，水绿交融"的理念有利于可持续发展

⬡ 缘起

坐拥东湖是武汉的福气。城市中央能有连片湖水、山峦、飞鸟与密林，这种场景从全球来看都是稀有并且珍贵的。

东湖因位于武汉市武昌城东而得名，由郭郑湖、水果湖、汤菱湖、团湖、后湖等湖组成，水域面积33km²，平均水深2.21m，最深处6m。

历史上，东湖、沙湖及白羊湖原本连通。据《江夏县志》记载，东湖始为自然水湖，属沙湖水系（沙湖、余家湖、郭郑湖、白洋湖），与长江相连。1902年湖广总督张之洞修南北武金、武青两堤，分设武泰、武丰两闸，自此，白洋湖逐渐淤积成小港，东湖与沙湖分离，天然敞水湖泊变成人工调控的内陆湖体。

从地质结构来看，东湖处于东西略偏北走向的褶皱带，由于地层运动挤压，湖区产生了一系列断裂，如小洪山、路珈山、南望山等断裂，湖水沿裂谷流入陆地，因而形成东湖湖湾交错、湖岸曲折以及沿岸地貌形态多变化的地理特点。

东湖西北面是一片宽广的冲积平原，长约15km，宽3～4km，顺长江流向延展。平原地势自江边向湖倾斜，海拔高程从25.0m逐渐下降至22.0m，形成自然堤，扼锁于东湖北侧。湖之东、西两岸则是岗状平原，地面宽广，波形起伏，港汊极多。

武汉温润的气候条件及东湖丰富的水资源，为动植物栖息、生长提供了良好的条件，东湖生态风景区绿化覆盖面积占整个景区陆域面积的81.93%。鸟类涵盖了留鸟、夏候鸟、冬候鸟、季节性迁徙鸟、旅鸟五大类型。雁、沙鸭、白鹭、野鸭等水鸟出没于芦苇间，盘旋湖面，形成"落霞与孤鹜齐飞"的奇妙画面。

不足百年的时间里，东湖由"野湖"成为"城郊湖"，继而成为城市"后花园"，2014年前曾是中国最大的城中湖，2014年因武汉中心城区扩大，东湖的面积大小退居于武汉市江夏区的汤逊湖之后，成为第二大城中湖。

东湖园区化进程以及湖城进退与发展观念变换，呈现出多种维度的变迁：农、公园、景区之辟变，以及私有、共有、共享之演进。如今绿道的出现，在共享的同时，也使得东湖踏上折返生态本质的归程。

〉 东湖建造演进 〈

东湖现代意义的建造史始于1929年，时任上海商业储蓄银行汉口分行行长的民族资本家周苍柏在现东湖听涛区规划辟建"海光农圃"，广泛引进花草树种，开荒辟野。

之后经过20多年的栽培经营，其中已有桃林、梅林、杏林、草莓园、葡萄园等多个植物园，还有一个动物园、一个专门观鱼的天鹅池以及一间米坊和一间香坊，游客可免费参观游览。这使一个野湖真正成为一个"园"，且有了"公园"的含义。

1949年武汉解放一个多月后，周苍柏将"海光农圃"捐献给了国家，经周恩来总理批准，"海光农圃"更名为"东湖公园"。1950年中南军政委员会以088号通令，将"东湖公园"改为"东湖风景区"。

东湖风景区内，根据自然形势的特点，结合当地名胜古迹，从南沿湖依次分为听涛、落雁、白马、吹笛、磨山等景区，与今天6区24景的格局基本一致。东湖风景区1982年入选第一批国家重点风景名胜区名录，之后10年是它规划制定的鼎盛时期。

日月更替，万物生长。2009年，武汉市启动江湖连通"大东湖生态水网"构建工程，以东湖为中心，贯通沙湖、北湖、杨春湖、严东湖、严西湖，并通过港渠与长江相连，分离的江湖重新连通。通过污染控制、水网连通、生态修复等相关措施，有助于改善整个"大东湖"水系水生态环境，重建多样性的动植物生长、栖息、繁殖场所。

2011年，《武汉东湖风景区总体规划（2011—2025年）》获国务院正式批准。这次规划最大的特点是在思想认识上提出了"在保护的前提下利用，在利用过程中促进保护""城湖共生，水绿交融"的理念，这更有利于风景区可持续发展，同时，规划目标是要将东湖打造成具有国际影响力的生态风景名胜区和城中自然湖泊型旅游胜地，国家湿地生态系统保护、恢复、建设的重要示范基地和浓郁的楚文化特色游览胜地，强化水主题，突出东湖水域特色，塑造生态东湖、文化东湖、欢乐东湖的新形象。

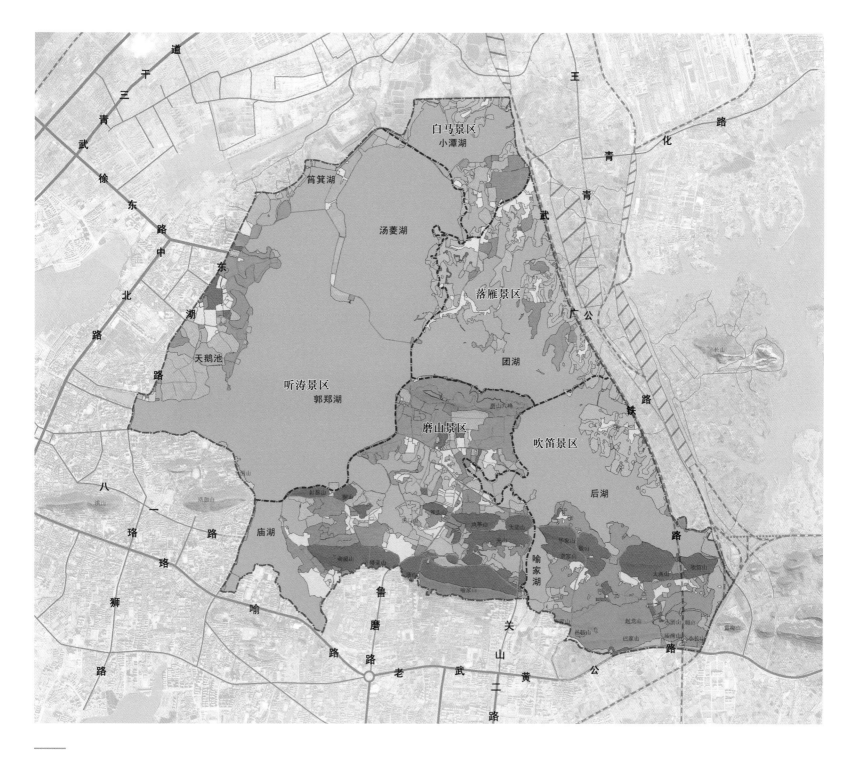

白马景区
小潭湖

落雁景区

磨山景区

吹笛景区

听涛景区
郭郑湖

团湖

后湖

喻家湖

图1-7 武汉东湖风景区2011年重塑版图前，被划分为五大景区
| 图片来源:《武汉东湖风景名胜区总体规划（2011—2025年）》

> **为东湖增值** <

　　东湖的道路建设经过了从土堤、碎石路到水泥沥青路的过程。其中，最著名的环湖路修筑于20世纪60年代，是从九女墩横跨湖心抵磨山脚下，沿封都山一路向西至珞珈山，再经风光村至水果湖的环湖路堤。道路两旁栽植池杉，间种夹竹桃，防风、防浪又自然美丽。在磨山俯瞰长堤，曲曲弯弯、浮游湖面，甚为壮观。从此，东湖有了人工建造的风景线。

　　然而遍布于武汉城区的大小湖泊将城市道路长度、通行时间拉长，迫使有些湖边的景观路成为机动车主干路网。近些年，原本偏僻的城区东郊也逐渐发展成为高新科技产业、高校聚集的光谷新城区。原先的景观路很快成

图1-8　武汉东湖风景名胜区总体规划（2011—2025年）总平面图及功能布局规划图

图1-9　武汉东湖风景名胜区总体规划（2011—2025年）景区划分规划图

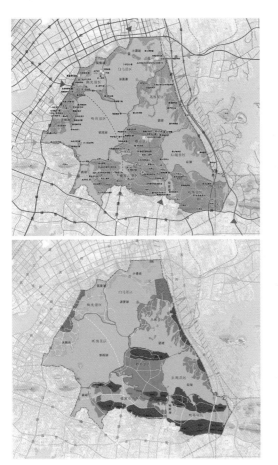

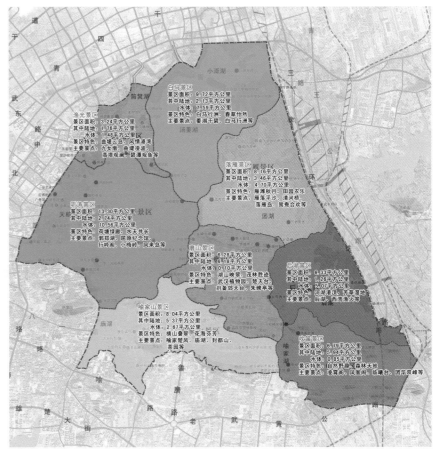

图1-10 东湖经过了从土堤、碎石路，到水泥沥青路的过程｜设计团队 摄

图1-11 建设东湖绿道，使市民能够便捷走进与享受大自然｜设计团队 摄

为城区间主要的过境交通要道。但高负荷的过境交通带来了空气、噪声、土壤、水资源污染等问题，给区域生态环境带来负面影响，且由于串联式景观线路的缺乏，无法形成慢游、慢赏体系，导致东湖景点零散、风景区活力不足等问题。

与此同时，市民对东湖风景名胜区环境提升、开放共享的呼声日益高涨——公众很难连续地到达多个地方，部分高收费的公园让市民不能随时享用，区域本身也缺乏更多的活动和足够的服务设施。同时，过多车辆穿行让人觉得不够安全，东湖水质下降，生活在其中的原住民难以从生态资源中获得经济效益。

所有这些都需要激活东湖的价值，用发展赋予新的内涵。

在多年的城市建设经验中，武汉开始反思，城市不应该是钢筋混凝土的森林，而应是人与自然和谐共处的美丽家园，建设东湖绿道希望给市民提供更可达、更完善、更生态、更包容的公共休闲空间，使公众能够便捷地走进大自然、享受大自然。

基于此，武汉市委、市政府于2008年开始谋划解决东湖交通压力和外部性。以国家级风景区生态保护为重，规划修建全国最长的城中湖湖底隧道——东湖隧道。2011年提出将东湖绿道环湖路规划为慢行系统。2012年启动湖底隧道建设，剥离景区的过境交通……

历时半个世纪的构想与实施，为当下东湖"世界级绿道"的建设实施提供了充分且必要的条件。

〉 应运而生 〈

当然，没有任何决策能够独立于时代与政策背景之外。

十九大报告提出了生态文明建设，明确指出我们要建设的现代化是人与自然和谐共生的现代化，既要创造更多物质财富和精神财富以满足人民日益增长的美好生活需要，也要提供更多优质的生态产品以满足人民日益增长的优美生态环境需要。

宏观背景下，"长江经济带"建设这个"国字号"工程概念，也在习近平总书记推动下进入全面推进阶段。

东湖本就是长江经济带湖北中部的重要生态明珠，由国家层面来看，东湖绿道"出生"前就有了优秀的背景。

再看武汉市层面。在"研究2015年城建工作思路专题会议"上，时任武汉市委书记阮成发要求进一步提升武汉市城建理念，在完善了大量武汉基础设施后，提出要"让城市安静下来"，并指出绿道建设是实现此目标的重要载体，要重点建设世界级水平的环东湖路绿道，以此提升东湖风景区旅游内涵，激发东湖活力，并成为提高武汉城市品位和市民生活品质、幸福感的重大举措。"东湖绿道"由此应运而生。

图1-12 东湖成就了绿道，绿道同时点亮了东湖 | 俞诗恒 摄

蝶变 | 东湖绿道规划与实践

⬡ 发生

良好的生态环境是最公平的公共产品，是最普惠的民生福祉。

自东湖绿道对公众开放以来，无论是谁，都能尽享这个武汉城市中心最大的公共空间。在湖边骑车、在林中散步，都已成为武汉市民的休闲日常。

平等共享是东湖绿道项目的核心，并一直贯穿于整个过程。规划设计者们将东湖绿道作为重要的公共空间进行规划设计，对老年人及残疾人、妇女儿童、骑行爱好者、学生及文艺青年、一般游客的需求进行分类别调查，提供相应的服务设施，并且免费向公众开放沿线景区，最大限度地将东湖的景致归还于市民，实现公共空间的平等共享。

有人比喻东湖绿道就像人的经脉，通过它，为东湖城市生态绿心带来辐射、渗透作用，让其生机勃勃。

东湖绿道更是先后吸引了来自世界各地的贵宾，它已然成为武汉向世界人民展示的新窗口和新名片。

2018年4月28日，世界进入"武汉时间"。这一天，国家主席习近平与印度总理莫迪在武汉东湖会晤。中印领导人在东湖边散步的图片登上了数十家国际主流媒体的头条，"东湖"也从这一刻成为"世界东湖"。

两国领导人会晤如在画中行，在东湖宾馆的沿湖散步道上、湖上凉亭内……在这些地点，都能饱览东湖烟波浩渺、风景秀丽的风光。可以说，东湖成就了绿道，而绿道也点亮了东湖。

〉 **不局限于景观设计** 〈

人人都说东湖美，但是在过去，大多数人只能站在磨山鸟瞰，或者片面地走走逛逛，以为眼前就是东湖的所有景色。"武汉东湖绿道实施规划"项目组成员从前同样如此，接手项目后，实地探索才发现，在东湖优雅大气的外表下，野趣之美也是它的"王牌"之一。

东湖绿道项目的前期规划于2014年年底启动，建立了统一领导、市区联动、部门配合的建设实施机制。东湖绿道项目强调整体规划先行，分期逐步实施，实现有序的建设安排目标，并且通过建立各级政府部门、建设公司、运营公司等多方参与的公共管理平台，实现长期完善的公共空间和政策保障。

作为设计团队，当时赴一线的工作每天都在进行，踏勘时、设计中、方案确定后，对施工方案的细微改动始终都有，大多改动是出于生态优先的考虑。

项目组成员曾深入东湖人迹罕至的偏僻之地，经过沼泽需要手握竹竿插入泥潭、常常偶遇从前没看过的景色……来来回回走过无数次。回想起来并不觉得辛苦，反而感觉像郊游，几乎每次都能发现新的视角和方向。

东湖是国家5A级旅游景区，所以项目组成员一开始内心会比较忐忑，用什么空间载体才能做到"生态优先"，又如何保证生态正向化改造提升，怎样让自然与人互促互融，都是需要考虑的环节。

大家不仅仅想做东湖的文章，更是希望通过东湖绿道让东湖与城市、市民发生相应关系，联动东湖及周边区域发展，所以设计团队的成员们的出发点并非东湖与绿道，而是武汉与绿道。

带着这样的想法，我们不再局限于景观设计，角度和视野变得更开阔了很多，思考东湖绿道将来能给这座城市带来什么。

例如，通过绿道，城市可以把"胸怀"打开：东湖不再是圈地景区发展模式，那么所有使公众无法进入东湖的围挡都得拆除，同时结合东湖景中村自然资源禀赋以及现状建设特点，避免大拆大建，传承城市文化，留住"乡愁"。做到这些，才能把环湖路径建立下来，从而解决东湖东西南北方向接入口。

另外，武汉有120万名在校大学生，武汉大学、华中科技大学、武汉体育学院等高校"环抱"着东湖。也许不远的将来，这些高校都能打开大门，与东湖融为一体，畅游东湖的游客也可以骑着自行车感受大学校园的氛围，共享大学实验室、博物馆等设施。到那时，东湖及周边高校就可以被称为"世界第一的自然、开放、生态大学之城"，形成一条"大学之路"。

总体来说，我们希望东湖绿道与城市交通、景观、文化等各个方面都能融入，不再是简单的景观规划，而是综合性的城市标志。

图1-13　东湖绿道坚持以人为本、生态优先 | 俞诗恒　摄

〉 坚持以人为本、生态优先 〈

2015年6月，时任武汉市委书记阮成发召集进行了东湖绿道现场踏勘，并主持召开"武汉东湖绿道系统暨环东湖路绿道实施规划"专题会议。会议原则同意了规划方案，明确了东湖绿道工程的实施范围及工作时间要求。

同年12月，东湖绿道一期开工，建设之初立意：少些人工雕琢，多些自然野趣。也就是说，要尽量减少人类活动对生态环境的干扰。为此，项目组规划了13条生物通道，以保护百种野生脊椎动物的生存。例如，为野兔、松鼠等小型动物设计可以穿行的管状涵洞和箱形涵洞，管涵设低水路和步道，便于小动物通行。

在规划实施及后续运营管理上，也充分考虑了当地原住民的经济来源，在施工期和运营期均将为绿道沿线居民提供大量就业机会。绿道项目的建设使部分受征地影响的妇女脱离之前的种植业生产，转而从事绿道所带来的第三产业工作，在某种程度上使得当地的性别分割情况减少。

而且东湖绿道秉持"海绵城市"建设理念，采取"渗、滞、蓄、净、用、排"等多种生态措施，改良生态系统；并通过植被规划、人工湿地等方式，有针对性地净化东湖水体，促进东湖生态系统的修复。

漫步东湖绿道沿线，生态礁石、杉木桩构成的生态驳岸取代了过去的硬质垂直挡墙，水岸边、雨水花园、生态草沟、水生植物营造出多层净化雨水系统，避免污染入湖。

这里值得一提的是，近10年来，武汉市围绕构建"大东湖"生态水网，持续不懈治水，东湖水质持续向好。这背后是武汉"像保护眼睛一样保护好东湖"的治水决心，以及持续多年的截污控污、底泥清淤、生态修复。

据相关资料显示，东湖通过布局一系列截污工程，实现景区内生活污水截污近万吨，并相继完成了东湖沿岸的市政主要排污口的截污。通过东湖绿道重大工程建设，实现了建设、环境双赢的局面。

同时，严格落实"湖长制"，湖泊最高层级的湖长是第一责任人，组织制定"一湖一策"的方案，按职责分工组织实施湖泊管理保护工作。充分发挥"民间湖长"作用，共同维护东湖水环境，使湖泊保护成为全体市民的自觉行为。

〉 完善与遗憾 〈

武汉市第十三次党代会报告中提出"规划建设东湖城市生态绿心，传承楚风汉韵，打造世界级城中湖典范"。这是武汉在历经多年的城市建设后，重新审视回归特色滨水空间的重要里程碑，是妥善处理生态公共空间与城市发展关系的重大考量，是助推东湖走向世界的重大举措。

图1-14 东湖绿道就像人的筋脉，通过它，为东湖城市生态绿心带来了辐射、渗透作用，让其生机勃勃
| 张传明 摄

蝶变 | 东湖绿道规划与实践

2017年3月，东湖绿道二期工程正式开工，与一期工程无缝衔接。二期选线基本成环，北边环汤菱湖、中间环团湖、南边环后湖，包括环马鞍山，形成环路，可供游客选择多种游玩路线。

在二期森林道上，有一棵直径约30cm的大朴树茁壮生长，而在先期的建设方案中，这棵树被划入了绿道规划线路中。多次现场踏勘后，设计团队果断修改了绿道线位。此外，为保留4株水杉，对受影响的道路也进行了调线处理。在郊野道建设过程中，为保护10株水杉，将原先路堤填筑的方案改成架桥，断面变窄，留出了树的生长空间。

同年12月，东湖绿道二期正式对外开放。二期建成后，东湖绿道总长达到101.98km，串联起东湖磨山、听涛、落雁、渔光、喻家湖五大景区的东湖绿道，由湖中道、湖山道、磨山道、郊野道、听涛道、森林道、白马道七段主题道组成。每段主题绿道都各有风情，让人们真切感到"绿水青山就是金山银山"。

东湖绿道上不仅有自然风景，还着力打造文化品质的提升，如包含有荷兰艺术家亨克·霍夫斯特拉在内的17位国内外艺术家艺术作品的东湖国际公共艺术园；在东湖绿道森林公园南门驿站旁，近40首历代名人吟诵东湖的诗词被雕刻于奇石上，传承楚风汉韵；绿道二期景点命名中，部分名字取自《诗经》《楚辞》……

2019年，东湖绿道三期工程也已完工。三期工程主要是按照"一塘一景一品"的原则，对已建成的东湖绿道一、二期进行了环境、配套、运营、文化品质等方面综合提升，带动东湖整体协同发展，为打造世界城中湖典范、世界级城市生态绿心奠定坚实的基础。

只是建设本身是一个复杂的过程，任何设计都会有遗憾。例如，东湖生态园附近原本有个起伏的小山坡，远眺是山水房屋，低头野趣横生，在水雾迷漫的时候，充分能感受到那种大气中的婉约。能保留原貌固然好，可是如果不降低坡度、不加宽加固路面，就会存在安全问题。最后，为了游客安全，只能舍弃部分野趣，加重了人工痕迹的比例。

还有一些野趣保留不足的地方，设计团队也希望有办法来弥补，如春天的时候，管理方可以在郊野段撒上草籽，让野草、芦苇等自然生长，再过两三年，野趣就会慢慢回来。

很久以前，人们只能划船到达东湖，后来随着社会进步和城市发展，人们在湖中加埂，解决了过境交通问题。如今，绿道禁行机动车辆，这种"以人为本"的理念和对健康生活的向往，相信是人类永远的追求。另外，整条绿道共有2万多株乔木，哪怕这些树活不了千年，它们的种子也会代代生长。所以，东湖绿道确定的线性空间、绿径体系以及它本身，都会被人们不断延续、丰富、完善下去。

第三节

参与：

众规与绿道

当前我国社会经济发展进入新时代，面对人民日益增长的美好生活需求，武汉城市发展和转型必然应该具备更高的视角。

近代以来，武汉一直是具有国家战略意义的重要中心城市。19世纪末期，洋务运动兴起，大武汉成为中国近现代工商业文明发祥地和工商业都会；之后新中国成立，重大工业项目陆续落户武汉，武汉被视为国家重要的重工业基地。20世纪90年代以来，在国家外向型经济战略导向下，武汉城市地位阶段性下降，面对新的时代机遇，武汉需要在发展中实现城市转型。

在世界新经济发展浪潮和国家迈向高质量发展阶段，具有水体空间资源、历史资源、文化资源和景观资源的东湖，势必挑起城市跨越式发展的大梁。从价值理念、空间模式、规划策略等方面出发，开发复合型城市公共空间，带动经济、科技和文化的全面发展，从而提高城市魅力。

武汉东湖风景区总体规划是武汉市城市发展的重大命题。环东湖绿道的建设，不仅仅能够提升东湖风景区旅游内涵，激发东湖活力，其更重大的意义在于提高武汉城市品位和人们的生活品质、幸福感。

＞ 群策群力 ＜

"让城市安静下来"是城市后现代化阶段的重要特征。市民不再长期生活于"钢筋混凝土森林"中，而是能够便捷地走进大自然、享受大自然，实现人与自然的融合和谐。

武汉的城镇化发展已经趋于步入这样的阶段，山水禀赋优越的东湖是实现这一美好愿景的重要条件。东湖绿道的建设被报以极高的关注，一方面它将推动全市绿道建设上台阶，提高城市公共空间质量，吸引游客在此流连忘返；另一方面，也面向世界，充分展示武汉作为中部特大城市的全新建设和管理理念。

站在这样的高度思考，东湖绿道不是一条"景观道"，东湖绿道的建设是充分结合湖、山、森林资源，精心规划，整体设计；围绕交通组织、方便市民到达等方面细化方案、解决难题。通过高站位深化顶层设计，"以道串珠"，将东湖打造成"城市名片""市民水岸""人才磁铁"。

因此，为全面落实东湖绿道系统及实施规划，有效指导世界级绿道建设实施，武汉市自然资源和规划局（原武汉市国土资源和规划局）高度重视，与武汉市地铁集团采取联席机制，自2014年底以来，多次召开会议研讨，开始启动《武汉东湖绿道系统暨环东湖路绿道实施规划》的编制工作。

2015年1月8日，武汉市自然资源和规划局以东湖绿道规划为契机，正式上线全国首例先行先试的"众规平台"，不限职业、学历、资质面向社会公众征集规划方案。通过"众规平台"，市民可以参与规划全过程，规划真正做到深度实现公众参与，从而科学合理地编制。在规划前期阶段，截至2015年3月16日，"众规平台"参与人数达3万人次，有效参与意见600份，微信关注达30万人。

多团队编制成果竞赛机制，是绿道规划的另一重要举措。为进一步提高规划成果质量，武汉市自然资源和规划局通过规划编制竞赛机制，群策群力，调集武汉市土地利用和城市空间规划研究中心、武汉市规划研究院、武汉市交通发展战略研究院、武汉市测绘研究院、武汉市规划编制研究和展示中心等单位的精兵强将共同攻克难题。

六个规划团队的竞赛于2015年2月11日公开评选，在征求武汉市地铁集团、武汉市园林和林业局、武汉市水务局，以及武汉大学、华中科技大学等大专院校专家意见后，确定两个不同方向的整合成果，由武汉市土地利用和城市空间规划研究中心与武汉市规划研究院分别进行整合，提请市委常委会审议。最终在3月16日的武汉市委、市政府专题会上，确定东湖绿道一次性规划、分步实施建设，并以环郭正湖、落雁岛区域、磨山景区等区域为重点，启动第一期建设，打造全市绿道示范亮点。在该会议上，时任市长任勇还提出要优化系统方案，邀请国内外顶尖专家组成综合团队，深化完善水系、生态规划等系统方案。

＞ 高效"直通车" ＜

东湖绿道项目的规划实施，强调整体规划先行、分期逐步实行，实现有序的建设安排目。它通过建立各级政府部门、建设公司、运营公司等多方参与的公共管理平台，力求实现长期完善的公共空间和政策的保障。

图1-15 绿道重新激发东湖的活力 | 俞诗恒 摄

第一章 谋

21

东湖绿道的规划建设工作，涉及武汉市多个政府职能部门的通力合作。项目由武汉市政府统一领导，分管副市长挂帅，市重点办统筹，东湖风景区管委会、原市国土资源和规划局、市城建委、市园林和林业局、市交管局等多个单位的主要负责人构成领导小组，对东湖绿道规划建设工作进行组织、协调、督促和检查。

各部门明确职责：市重点办负责绿道实施的总体协调以及统筹，武汉市自然资源和规划局负责绿道规划组织编制及重点项目的审批。为全面、高效落实政府精神，由市委、市政府主要领导挂帅，主要职能部门参加，以市地产集团为实施主体，由市自然资源和规划局具体组织规划编制，以地空中心为规划设计技术平台，全面推进了东湖绿道一期工程规划及实施、绿道二期及三期建设规划等相关规划编制工作。

按照全市统筹、分责推进的原则，市级领导小组负责审议确定规划方案、重点项目设计方案和建设实施计划，研究决定和协调解决建设中涉及的重要政策、重大事项和重点问题。

通过例会制度，研究协调建设中涉及的项目立项、征收拆迁、行政审批、资金落实、项目建设等重大问题，并形成专题会议纪要；市直各相关部门落实"放管服"的改革要求，明确职责分工，密切配合，创新服务方式，按照

图1-16 东湖绿道作为示范项目，推动了城市绿道建设｜俞诗恒 摄

"特事特办、急事急办、简化手续、提高效率"的原则，优化行政审批，提高办事效率，为东湖绿道实施建设项目审批开辟绿色审批通道。对建设中涉及的重要政策、重大事项和重点问题采取了现场会议的制度，进行现场决策。

东湖绿道在实施规划过程中始终具有开放性、前瞻性的眼光和格局，多次组织国内外知名专家反复研讨，共同谋划东湖绿道的建设。

为加快推进东湖绿道一期工程实施，实现东湖生态环境的修复和保护，达到景观环境的协调统一，由武汉市自然资源和规划局组织编制，由武汉市土地利用和城市空间规划研究中心作为规划工作平台，承担整体规划编制工作，并作为设计平台，于2015年9月同步启动了"环东湖绿道景观设计"工作，立足国际视野，采取公开征集方式，邀请美国SWA景观设计公司、美国易地斯埃环境景观规划设计事务所（简称EDSA）、阿拓拉斯（北京）规划设计有限公司（简称ATLAS）、深圳市北林苑景观及建筑规划设计院有限公司等国内外一流景观设计机构，组成高水准的联合设计团队，以绿道建设为契机，从绿道驿站区域的景观设计，绿道线形设计、铺装材料、人工湿地等景观设计角度全面贯彻"海绵城市"海绵城市理念。

后期施工设计由武汉地产开发投资集团有限公司组织武汉市政工程设计研究院有限责任公司及武汉市园林建筑规划设计院完成。

东湖风景名胜区管委会负责土地及房屋征收，武汉市地产集团负责绿道实施，武汉旅游发展投资集团有限公司负责绿道运营管理。项目资金来源为市级城建资金。东湖属于城市基础设施建设项目，由国有融资平台——武汉地产开发投资集团有限公司进行融资建设，该机构同时作为建设主体统筹开展设计组织、施工建设组织等工作。

为实现从规划编制到审批，再到工程实施的全过程一体化实施效果，规划项目组按照"多元一体化"的实施思路，以规划精准落地为目标，整合政府、市民、实施方等多元诉求，匹配规划审批全流程要求，编制相应规划成果。

项目基于绿道现状建设条件分析，按照建设先易后难、串联现状重要节点、道路交通工程支撑以及尊重公众调查意愿等原则，明确东湖绿道总体按三期工程进行推进。

其中，一期以环郭郑湖、环团湖落雁片区及磨山绿道等西侧与东侧段为主，二期以北侧、东南侧段为主，三期以南侧段为主。实施规划并分别从建设时间、长度、建设类型、配套设施、联动工程以及交通方案进行了具体安排。

公众意见反馈也贯穿建设全过程——开展规划实施评估，实现公众参与和实施规划的闭环设计，实时指导建设计划调整与完善工程布置，也是东湖绿道实施规划过程中的重要创举。

〉 还湖于民的背后工作 〈

2016年12月，28.7km长的东湖绿道一期正式建成开放。截至2017年底，东湖绿道一期总游客数近千万人次。在公众的热切期盼下，2017年3月武汉市启动60km长的东湖绿道二期建设，2017年12月武汉市完成了73.8km东湖绿道二期规划建设，东湖绿道总长度突破百公里并实现整体成环。2018年武汉市在一期、二期绿道规划建设的基础上，继续推进东湖绿道三期规划建设，以公共空间的文化、环境、配套、运营等方面完善为重点。自2016年12月底东湖绿道一期工程建成开放以来，东湖绿道深受市民喜爱，成为武汉市市民周末休闲游的榜首，实现了真正还湖于民。

作为展现武汉市城市面貌最重要的窗口之一，东湖区域过去承担着城市过境交通的重责，但高负荷的过境交通带来了空气、噪声、土壤、水资源污染；且由于串联式景观线路的缺乏，无法形成慢游、慢赏体系，导致风景区活力不足。

东湖绿道项目提倡绿色出行，通过禁行景区部分机动车道，提供了连续贯通的绿色出行道路网络，并与沿线生态修复、景中村改造等工作相结合，使东湖区域生态环境得到最大限度保护，大量减少了景区的碳排放量，改善了东湖水体质量，恢复了生态地貌及驳岸。

根据统计，东湖绿道一期、二期沿线共栽植苗木52608株（其中乔木42809株），绿化面积达157.4万m²。

东湖绿道沿线驳岸全长54km，在设计时结合景观效果、防湖水冲刷等多方面因素，对约34km的泊岸进行了生态化改造，将原有的垂直驳岸修整成为生态缓坡驳岸，滨水区域种植大量水生植物美化湖泊岸线。通过生态修复、污水系统收集排放、禁止燃油船通行、退渔还湖等措施提升东湖水质，改造后，东湖水体质量有明显提升，目前东湖的水质达到40多年来的最好水平，东湖III类水质覆盖面积达到全湖的82%，虽然水环境尚未完全稳定，待改造范围继续扩大后，生态系统将进一步优化。

平等共享是东湖绿道项目的核心精神，并一直贯穿于整个过程。

东湖绿道作为广泛覆盖城市中心的公共空间，在规划设计中，首先对老年人及残疾人、妇女、儿童、骑行爱好者、学生及文艺青年、一般游客的需求进行分类别调查，以提供相应的服务设施。其次，设计者打破现有院墙式的封闭空间模式，分时段开放高校实验室、运动场等区域，让市民在体验绿道的同时，体验高等学府的书香氛围。最重要的是，绿道实现了免费向公众开放沿线景区，最大限度将东湖的景致归还于市民，真正体现出公共空间的平等共享。

东湖绿道项目具备大规模"复制"推广可能性，一方面，"众规平台"这一公众参与规划的创新方式具有大规模"复制"推广的可能性；另一方面，东湖绿道项目所提倡的"连续、开放、融合、活力、生态、包容、安全"理念，符合公众的需求，具有推广普适性，是城市公共空间改善可大规模"复制"复制和推广的理念，也与联合国人居署发布的"全球公共空间工具库"的全球标准不谋而合。

因此，在该项目示范下，武汉市积极开展全市的城市绿道建设，进一步鼓励慢行交通，实现生态环境保护，规划绿道总长将达2200km。

将理念和构思从纸上落地的过程，正是集科学有效的统筹管理，高度契合规划设计理念，再深化和再创作的过程。武汉市政协副主席、九三学社中央委员梁鸣曾动情地评价：在每年武汉市城市建设投资中，东湖绿道的总投资占比是很小的一部分，但投资小不代表成效低。绿道运行短短数年，已然为绿色生态空间、城市紧密互动功能，乃至带动所在地区的整体发展，发挥了重要的撬动作用。

统一规划、统一设计、统一建设、统一管理，武汉市深入学习贯彻习近平新时代中国特色社会主义思想，紧紧围绕建设现代化、国际化、生态化大武汉的目标，牢牢把握"长江经济带"建设等战略机遇，城市发展有大格局、大手笔、大变化，综合竞争力和区域影响力不断增强。

< 附录 >

东湖绿道已成为武汉乃至中国的城市名片，海外影响力达到前所未有的广度。2018年东湖绿道开通的消息被海外440家媒体转发，东湖灯会视频吸引全球过亿人次"网上赏灯"。城市宣传片《东湖》在中国国际友好城市大会上惊艳亮相，引发如潮好评，实现"现象级"传播，一个月累计全球播放次数达1.1亿次。2019年，《人民日报》、新华社、中央电视台、中央人民广播电台、《光明日报》、《中国日报》、《中国青年报》、《人民政协报》8家中央级媒体记者组成采访团，深入探访东湖绿道生态文明建设成果。此次中央级媒体最大规模集中组团聚焦东湖，并陆续刊发、播出"东湖绿道"重点报道。

东湖绿道，作为"改善城市公共空间的典范"，作为"绿色生态城市新标杆"，作为"中国坚持绿色发展理念的样本"，再一次受到全球瞩目。东湖这座诗意花园般的武汉"国际会客厅"，站上了"世界东湖"的全新高位，向世界展现了武汉这座城市的美好生活图景。

全球
声音

"这里是世界级城湖融合的'城市绿心样本'。一汪优美的东湖水、一首悠扬的编钟乐、一目绚烂的江城夜都是武汉这座城市的魅力所在。湖北省博物馆一场2个小时的深度游，我亲身体验了编钟奏乐，印象颇深。很欣慰听到了武汉优秀导游的精彩讲解，还看到了一批中小学生前来参观研学，展现出武汉的旅游品质和旅游未来。期待更多国际会议在此举办。东湖，我还会再来！"

——世界旅游联盟主席段强

"这次来武汉，第一天见过了晴天里的东湖，很美；第二天又看到了雨雾中的东湖，依旧很美，这趟行程很幸运！从不同的角度看东湖，有不同的特点。游船、观光车、步行的游线搭配非常丰富，值得再来！"

——巴基斯坦伊斯兰共和国外交部上海合作组织处副处长伊利亚斯·德格里姆

"这次有幸乘坐东湖游船游览东湖，体验非常满意。东湖绿道的野趣，给我留下深刻的印象。看上去应该只有郊野地区才能出现的自然生态景观，居然就在城市中心，这让我感到十分惊奇！武汉的市民很幸福，可以来这里休闲放松自己。"

——乌兹别克斯坦国家旅游发展委员会主席阿卜杜哈基莫夫·阿其斯

"作为国内首条城区内5A级旅游景区绿道，东湖绿道是武汉市民的骄傲，是现代化、国际化、生态化大武汉的亮丽品牌，是武汉市贯彻落实党中央关于长江经济带'共抓大保护、不搞大开发'决策部署的生动实践。东湖绿道，不仅移步换景，而且春夏秋冬各有看点——春天赏樱花，夏天看荷花，秋天闻桂花，冬天有梅花。同时，绿道的声光电等公用设施的建设，尽可能与自然环境融合，力求景观的原生态。在东湖绿道，既可饱览湖光山色，又可运动健身，老少皆宜。每逢周末，绿道上熙熙攘攘，是市民休闲、游客观光的好去处。"

——全国人大代表、武汉大学生命科学学院遗传系副教授刘江东

"东湖绿道在短时间内收获各方好评，我认为有以下几方面因素：一是定位高远，武汉市委、市政府深入贯彻落实党的十九大精神和习近平总书记考察湖北重要讲话精神，致力于将东湖打造成世界名湖、城市绿心，从空间节点设置、自助服务设施、植物绿视效果、灯光照明等各方面和文化要素生态典范，让东湖绿道成为世界级科技绿道、惠民绿道、文化绿道。挖掘上都体现了这一定位，可以说东湖绿道为武汉这座工业城市注入了自然的诗情画意和人文情怀。二是"步步精心"，用绿道的形式将广阔区域还之于民，大到空间设置、小到一草一木都心思精巧。三是开放包容，绿道位于主城区，不管是开私家车还是乘公共交通都十分便捷，让老百姓充分享受到了休闲的乐趣，同时绿道还积极接轨国际赛事活动，一座城市的开放之心可见一斑。"

——全国人大代表、华工科技产业股份有限公司党委书记马新强

"作为联合国人居署中国改善城市公共空间项目培训基地，武汉在公共空间建设方面做出了诸多努力，取得了显著成就，武汉经验将对世界其他城市的规划工作具有指导意义。"

——联合国人居署研究和能力发展司司长莫雷诺

"武汉东湖烟波浩渺、风景秀丽。武汉拥有深厚的历史底蕴，是有名的自然山水之城、历史人文之城。武汉东湖绿道广受好评，是武汉市委、市政府深入贯彻落实党的十九大精神和习近平总书记视察湖北武汉重要讲话精神的结果，武汉将东湖打造成世界名湖、城市绿心、生态典范的努力收到了很多的效果，是一条真正惠民利民的'幸福道'"。

——全国政协委员肖钢

"20世纪80年代我在中南财经大学读书时，到东湖去还没有现在这么方便，主要靠屈指可数的几趟公交车，路也不宽，当时东湖基本上是原生态；多年前我离开武汉到北京工作时，东湖边有很多餐厅，有的餐厅把客人拉到船上吃饭，污染了环境也非常扰民。这两年再到东湖，我感到非常欣喜：临湖的餐厅不见了，两岸绿树成荫、花红柳绿。最近一次去东湖是2018年11月，正值金秋，我在东湖绿道上漫步，感觉非常惬意。看到武汉市把东湖治理得这么好，我感到由衷高兴。"

——全国人大代表、民建中央调研部部长蔡玲

"从起点开始,东湖绿道就以'千年经典、传世之作'的定位实施规划建设。我们的团队是带着感情去建,每一棵树一株植物,一个池塘一段田埂,一间仓库一个船坞,一个为小动物建造的'涵洞立交'、候鸟的'巢箱'……

令我印象最深刻的是东湖绿道郊野道的建设,规划设计者、实施者以及风景区的配合工作专班无数次深入村屋农舍、堤埂小径,'用脚丈量'再创作,在保留生态本底的同时恰如其分地把原生资源的潜力发挥到最大。很多市民深入绿道后惊讶,似乎看到又一个东湖。"

——武汉市政协副主席、武汉地产集团前任董事长梁鸣

"东湖绿道秉持'海绵城市'建设理念,采取'渗、滞、蓄、净、用、排'等多种生态措施,改良生态系统;并通过植被规划、人工湿地等方式,有针对性地净化东湖水体,促进东湖生态系统的修复。"

——工程承建方中建三局基础设施建设投资公司东湖绿道项目经理秦明珉

"100多公里长,环绕着大湖,岸线蜿蜒曲折,形态层次丰富,还能让市民欣赏到这么多世界当代艺术精髓,是做了一件了不起的事。"

——作品在东湖绿道设展的荷兰艺术家亨克·霍夫斯特拉

"作为亚洲最大城中湖,除了自身得天独厚的自然生态风光,东湖绿道良好的规划设计、配套建设,才能共同营造出惬意的游览体验。从曾经的听涛景区,到现在的白马、落雁等多个绿道门户,东湖向世界敞开怀抱,到处都展现出人文底蕴和自然风光的和谐共生。本身丰厚的历史人文底蕴保存完好,如今又增添了现代艺术的感觉,丰富了可欣赏的层次和空间。'时见鹿'这样的网红书店,建在东湖绝佳的自然风光之中,与自然环境融为一体,提升了东湖旅游的文化气质,可谓武汉书香之城的最佳注解。"

——《人民日报》记者田豆豆

"对武汉市民来说,东湖就是一颗镶嵌在城市中的璀璨绿宝石。沿东湖万顷碧波,绿道蜿蜒向前,湖光山色移步换景,时而山丘密林、时而湿地岛屿、时而花香沁人,令人心旷神怡。东湖绿道依湖而建,给人以'山、水、人'和谐相融的美,是独具地域特色的城市人文地标,铸就了城湖融合的武汉样本,是城市千万人民获得幸福的源泉。东湖的逐渐开放,拉近了人与自然的距离,让习惯快节奏都市生活的人们拥有了一片静谧的精神家园;从之前各个景点的独立呈现,到今日扣环成网;从'东湖会晤'到即将召开的第七届世界军人运动会;东湖,正在向世界展开一幅全新的城市景观画卷。"

——《光明日报》记者夏静

"东湖一直是我心目中的圣地，从屈原泽畔行吟，刘备磨山郊天，李白湖边放鹰，再到毛泽东、周恩来、朱德等中央领导人在东湖漫步驻足、极目远眺，印象中东湖不仅有着优美的自然风光，更有着深厚的历史底蕴。时隔10多年再次游览东湖，水清鱼跃、柳暗花明，沐浴午后的阳光，感到春意盎然、心情舒畅。"

——新华社记者王自宸

市民
心声

"东湖是现在武汉最好的能让人轻松、愉快、自由地享受大自然的乐土了，一到周末我们就会全家去东湖绿道，赏湖景，搭帐篷，呼吸新鲜空气，最最重要的是骑单车了，挥洒汗水与压力，大爱东湖，最美东湖，壮哉东湖"。

——网友daiyl

"天哪！我第一次见到如大海般的城中湖，此次赛道的沿途风景实在是太美了！我感觉我不是来跑步，我是来拍照、赏湖景的。"

——马拉松选手、华中科技大学巴基斯坦籍留学生库玛

"今天宝宝第一次来到这里，他刚刚学会说话，咿咿呀呀叫着'小鸟'，开心的样子让我想到自己儿时来到东湖鸟语林游玩，与其说是带孩子来游玩，不如说是自己趁此机会来回忆一下美好童年，这份东湖情就这么传承下去，很奇妙。"

——武汉90后妈妈罗祺

东湖绿道，注定会脱颖而出。

它不仅是一条道路，甚至不仅是关乎绿色的生态之路，它还是东湖气韵的升华，人文的延伸，东湖历史与情怀的释放。

东湖之美，古人早有"一围眼浪六十里，几队寒鸦千百雏。野木迢迢遮去雁，渔舟点点映飞鸟"的浪漫描写。至今，如我们所观所感，它有浪起千层的浩瀚，有风雨日月的变幻，有飞鸟鱼虫的萌动，也有人与山水之间的情愫与呼应。

东湖绿道要在这包含大美之境的风景中，布出一条蜿蜒灵动的锦带。它串起了景色之中的点点精华，又在山水之间注入新的内容。

在城市更新过程中，对利益相关者的咨询意见十分重要。东湖绿道在规划阶段更将高规格的公众咨询和参与纳入其中，开创了全国首例"众规网上平台"，面向社会公众征集规划方案，为建设大美东湖建言献策，实现了全过程公众参与。这一措施创造了一个在中国当代和未来城市规划过程中能"复制"的规划方法，也是东湖绿道变身为成功城市公共空间的关键因素之一。

东湖绿道需要站得更高、看得更远，以更为开阔的视野和格局，为绿道，为东湖，为整座城市输入全新的概念。生态与功能，二者必须兼得。

东湖绿道是一条路，名称单纯，功能明确；它也是一个系统，构建中关联着方方面面；它是一次人与自然的互动，双方互相迈出一步，变更为紧密，同时又彼此留出余地，拥有足够舒适的空间。

物与人，形与神，共同达成一次质的飞跃。

第一节

绿道系统

蜕变

东湖绿道赢得世人瞩目，不是一次偶然。

多年以来，东湖的话题总是热度很高。东湖有着与生俱来、美景天成的绝佳气质，如何保护并开发好这片美丽的城中湖，武汉市一直都在经历反复的倡议、思索、沉淀。

以大气磅礴的全局规划和精雕细琢的细处景观相辅相成，"武汉东湖绿道实施规划"方案经过层层思考从武汉市土地利用和城市空间规划研究中心、武汉市规划研究院、武汉市交通发展战略研究院、武汉市测绘研究院、武汉市规划编制研究和展示中心等六个专业团队提交的方案中脱颖而出。

时间证明，东湖绿道的建成极大地促进了东湖绿心与区域功能互动，实现城湖共融，带动了泛东湖区域共生发展和实施建设。

正是在工作伊始，绿道的规划就立足国际视野，充分解读全球绿道建设案例，准确将东湖绿道的品质界定等同为世界级绿道。

"世界级绿道"意味着：建立大区域联系为基本前提，以激活区域城市活力为根本目标，以引领低碳绿色交通生活方式为基本要求，以创造独特精致的景观为重要标志。

21世纪初开始，围绕东湖到底该怎么建的问题，每年两会的人大代表和政协委员都会提出很多建议，有提议旅游招商的，有主张生态保护为主的，也有建议要充分做好东湖前景规划设计，不给子孙后代留遗憾。当时的决策者一直在审慎抉择。

2012年，《武汉市绿道系统建设规划》再次对东湖绿道线网进行了研究，当时东湖绿道线网的构建采取了传统的规划方式，主要考虑了绿道的联系功能，强调了绿道本身的线路及景观资源的联系，而未考虑与城市功能的互动，也缺乏规划的落地性。

而这一轮的东湖绿道规划，重新思考了绿道体系规划的方法，在"大区域观"的背景下，由此拉开了一条以长江为轴线，沿长江以南自然、人文景观的特色路线，成为新常态下武汉生态文明建设的重大举措。

"公众参与观、大区域视角、一体化思维、全过程规划"是此轮东湖绿道的核心规划思路与方法。即以公众参与观为根本，共同畅想东湖绿道建设，实现社会大众广泛参与；以大区域视角为导向，构建东湖绿道网络体系；以一体化思维为触媒，全面提升东湖品质内涵。

⬡ 与公众

"公众参与观、大区域视角、一体化思维、全过程规划"这一公众规划构想，是以公众参与为根本出发点，多方面采集公众意见，形成了"独特共识的定位，连续贯通的体系，开放便利的功能，丰富多样的景观，舒适安全的交通"的最终畅想。

全面推进世界级东湖绿道的规划与实施，其核心目标是给市民提供更可达、更完善、更生态、更包容的公共休闲空间。如何更好地满足公共需求，是东湖绿道建设成功的关键。

在城市公共空间项目中融入公众参与的内容，从而更好地形成大众归属感和共识——在东湖绿道规划之初，就已探索让民众更多参与到规划过程中来。然而，公众应该以何种形式参与，参与流程又该如何推进？此前武汉市并无成功的借鉴样本。东湖绿道的众规创想成就了大型城市空间项目在该领域的首创性尝试。

长期以来，国内大多数城市规划的公众参与多停留在"不是参与的参与"或"象征性的参与"阶段中，即市民要么仅仅被动接受已完成的规划，要么规划者仅向市民提供信息、告知成果，公众即便提出意见也不能得到落实。根据1969年谢莉·安斯汀构建的"市民参与梯子理论"，因为公众参与并没有进入"有实权的参与"阶段，大大降低了公众意见对城市规划的影响力和约束力。

东湖绿道在规划之初就打破常规惯性，展开了全过程公众参与的探索与实践，以进行广泛的意见征集和协商配合。除了现场问卷调研和社区座谈会的形式之外，更考虑到了鲜活的时代特征——既然社会信息化建设已经如此繁荣发达，为何不采用网络征集意见的形式，众筹一些优秀创意，并吸引公众参与到整个规划过程中来？

这种思考造就了全国首例先行先试的探索：通过武汉"众规平台"，对东湖绿道进行全面推介。

在"众规平台"的实践中，以"问卷调查"、"在线规划"、"规划建言"等在线版块设置，不限职业、学历、资质面向社会公众征集规划策划、绘制规划方案、提出规划建议、参与方案投票与公决以及实施完善建议。

随后，通过线上与线下结合的方式，让公众全面参与规划设计与实施的全过程，实现从众筹到众规再到众绘的质变，构建了公众参与的完整闭环。

得益于此，东湖绿道不仅成功反映了城市的精神面貌和文化内涵，更成为城市居民相互交流，彼此合作，积极有效地参与公共活动的优质载体。

〉集思广益从"倾听"开始 〈

"众规网上平台"的正式推行，真正做到让市民绘制出自己心目中的环湖绿道，并且向公众征集规划建议，实现全过程的公众参与，规划、水文、园林等多专业共同规划。

在21世纪，一条世界级规模的绿道，它不仅要面对本地人们的检验，更要面对全世界的目光。而来自更广阔范围的经验、建议，也格外宝贵。

谋篇 | 东湖绿道规划与实践

东湖绿道工程作为联合国城市公共空间重要示范工程，由联合国人居署组建专家组，赴武汉开展项目专家组会议，与会的有来自联合国人居署总部和亚太地区办公室的国际专家，以及来自北京、上海、香港的中国专家。专家组到武汉东湖进行了现场调研，并与武汉地空中心的规划团队就绿道项目进行了讨论，专家组充分赞同以人为本的规划方法，肯定项目所坚持的开放、免费、非盈利、可达性和包容性的原则，并正式宣布东湖绿道项目入选中国改善城市公共空间示范项目。同时，专家组结合新的国际导则以及观察与讨论结果，认为项目应进一步实现城市层面的政策化、战略化、立法化，并对文化历史元素延续、可持续的商业模式、城市弹性战略制定提出了建议。

规划团队就东湖绿道规划编制中有关绿道线路系统、景观主题区设计、驿站服务设施体系等系列重要规划实施问题，多次组织国内外专家开展研讨会和规划研究评审会；就绿道规划编制工作，在"市民之家"组织主题专家论坛。

图2-2 "您心中的东湖是什么样的?"规划之初进行了大量民意调研 | 设计团队 摄

"您心中的东湖是什么样的？请在这张白纸上画下来。"这是东湖绿道规划者在前期规划中在东湖风景区进行的民意调研。考虑到文字表述对调研对象产生了一定的局限性，变通采用了绘画的方式，直接提取游人心中最直观的东湖元素，作为绿道规划的重要参考。

东湖路、磨山、樱花……这些老武汉人笔下、记忆深处的东湖映像，对规划者的最终思路形成重要参考：东湖路改造为东湖绿道最精华线路湖中道，磨山景区实行免门票公益开放，确定绿道建成后禁行局部道路机动车等。公众参与在管理决策中的作用不容忽视。

武汉市自然资源和规划局采取的众筹智慧、众人规划，在全国规划编制领域属于首创，这意味着规划编制的公众性、社会性和开放性更进一步凸显。

在规划设计初期，尝试通过众规手段明确了市民对东湖绿道、特色感知等方面的评价，形成公众对疏导交通、增加游乐设施、完善配套设施等方面的重点关注。在规划后期，"独特共识的规划定位、连续贯通的绿道线网、开放便利的服务功能、丰富多样的景观环境、舒适安全的配套交通"这一规划策略得以初具雏形。

在初步规划策略之后，即进入规划正式编制阶段。武汉市"众规平台"在线收集了公众视角下绿道选线、功能、景观、交通的理想蓝图信息。其中，绿道规划的本质是线路的选取，因此涉及大量民众样本调查。因调查对象自身所属群体的不同，按不同需求分为在校大学生、东湖游客（家庭和个人）、本地城市居民、外地游客、骑行爱好者和跑团、文艺青年、景中村居民等。针对不同群体需求，对他们进行分类现场采访和规划意向图收集。

现场采访并非完全采取客观选择题的方式进行，为了获取更多生动详实的一手资料，采取了开放式问答。例如，你认为东湖的现状存在哪些不足，对绿道建成寄予何种期望，最喜欢的片区以及将来的建设思路等，规划者通过这一系列有的放矢的提问，从调查对象的主观态度中汲取了大量灵感。

将大众口头或书面表达的意见建言，与现代高新信息技术手段相结合，是东湖绿道众规工作的一大创举。那就是以使用者的主观感受层面和计算机的客观应用层面共同作用，从而为规划师最佳的绿道选线做参考。

在众规武汉平台"在线规划"板块，规划者借鉴高新技术手段，一方面将民众提供文字和图像性建言转化为信息数据，另一方面让民众有机会亲手绘制项目规划图。其后，再以AHP分析法明确各类因子权重，并构建GIS（地理信息系统）平台，结合选出区域绿道的初步路径，从而得到尽可能量化和客观化的选线数据结论。

随后根据规划信息，对上述初步选线进行优化筛选，以实现绿道对山水生态资源、历史人文资源、各大型活动区域等重要元素的有机串联，从而形成最终的绿道线路走向，将公众规"画"的内容反映和落实到具体规划设计中。

> **驿站：问卷与行为需求** <

市民通过登录网上"众规平台"，就能像规划师那样，对环东湖绿道实现个性化绘制。除了绿道线路以外，还有一个重点设置，即在地图上任意地点设置停车场、驿站等配套设施。

驿站是绿道服务设施的主要载体，为绿道使用者途中休憩、补给、换乘的场所，也是绿道配套设施的集中设置区。结合驿站的功能要求，规划融合了公众对绿道入口、停车场及驿站空间的需求，设计驿站位置、间距和功能设施，直接影响绿道游客的综合体验。东湖绿道规划按照行为需求理论、公众需求调查及相关规范要求，对比研究驿站间距标准。

——以人为本的行为需求理论

在"众规平台"中，针对市民普遍提出的休憩、零售等辅助设施缺乏等意见，依照行为需求理论，分别提出最佳步行、最佳骑行、最佳救援的不同需求，设置驿站体系以实现景区内服务功能的全面覆盖。

在城市绿道的空间环境中，满足公众行为需求，具体体现在确保使用者安全，并满足其行动便捷性、环境舒适性等方面。

在此基础上，规划综合分析游客的时间安排、活动需求、体力消耗、能量补给等方面，切实推算出：在一般情况下，在步行换乘间距上，步行转其他交通设施出行的适宜距离为300m；在最佳步行距离上，一般适宜步行时长为60~120分钟，步行总距离1.2~3.0km。在最佳骑行距离上，一般适宜骑行时长为30~60分钟，骑行总距离为7.5~15.0km。在最佳救援间距上，一般适宜救援时间为15分钟内，考虑一般行车速度40~60km/h，则最佳救援间距应控制在10~15km。

——人性化的服务与换乘方案

东湖绿道驿站设施系统由此分为三个等级：一级驿站是综合配置服务驿站，即综合型服务驿站，提供完整全面的设施服务；二级驿站是一般配置服务驿站，即游憩型服务驿站，提供常规性的设施服务；服务点是基本配置服务的三级驿站，即各类休憩点、观景点，提供基本的设施服务。

结合"众规平台"与现场问卷的调查结果，在骑行距离方面，65%的公众认为合适的骑行时间为1小时左右。推算一级驿站极限间距为8~14km；在步行距离方面，66%的公众认为合适的步行时间为45分钟左右。推算二级驿站极限间距为2.5~3km。服务点主要设置在一级、二级驿站服务范围无法覆盖的区段，一般每200~500m设置一处。综合确定三级驿站建设规模与设施配置标准。

基于以上研究，绿道进一步规划出以驿站为基础枢纽的交通换乘方案。提出一级驿站应结合景区入口、重要景点以及重要交通换乘停靠区布局，一般每5~10km设置一处；二级驿站应结合重要景点以及重要交通换乘区布局，一般每1~2km设置一处；非机动车停车场应结合绿道景观节点和综合服务区每隔6~10km设置一处。

〉 对高校及设计团队征集方案 〈

早在2015年1月，武汉市自然资源和规划局就联合多家媒体，公开征集东湖绿道公众规划方案，旨在借此体现人人参与规划、人人参与建设、人人享用城市的"人民城市人民建"精神。武汉规划设计类科研机构人才众多，武汉大学、华中科技大学等众多高校的青年才俊加入到东湖绿道的规划设计中来。

方案征集内容包括东湖绿道线网规划，包括绿道线路走向、入口建议，与周边区域道路连接方案，附属的停车、驿站、商铺、自行车租赁等设施布点；还包括环东湖路绿道主要节点景观、驿站以及相关附属设施的设计方案。

征集结束后，原市规划国土局开展网评和专家评选工作，评选优秀作品并进行奖励。东湖绿道在线规划一等奖获得者、新加坡国立大学毕业生陈丽彦在获奖感言中写道："政府、设计师和市民一起塑造出市民真正需要的城市环境，能让所有去过东湖及还没去东湖的人，都对它念念不忘。"

吸纳的专业人士与普通大众方方面面的意见之后，东湖绿道在实施过程中仍以广纳进谏的方式不断调整。

通过专业人士的参与，建立起科学的协调规划师机制。规划师团队接待社会团体、市民代表，向他们讲解绿道规划建设工作，并积极听取市民们的不同意见；借助报纸、网络等媒体，对东湖绿道的施工过程给予全程报道，工程透明化；同时，对市民关注的交通、填湖、砍树等疑问，通过市长热线接入并处理。

东湖绿道开通后，再推出游客意见反馈问卷，针对收到的回复，整理出线路、功能、交通、管理等多类优化需求。

东湖绿道规划真正实现从经济追求到人本主义的转变，从公众需求出发，通过网络平台的搭建进行规划设计前期的意见收集，通过后台分析纳入规划设计阶段的意见，真正让市民参与到规划方案设计中。由于规划充分考虑了公众的建议和意向，在方案中主动吸纳了公众建议，并通过与政府部门积极沟通，对公众的部分诉求进行了满足，很大程度上避免了后期的舆论质疑，使得规划实施得以顺利进行。

2016年12月底东湖绿道一期工程建成开放，深受市民喜爱，实现了真正还湖于民。截止到2017年12月，东湖绿道总游客数近1000万人次。

◇ 大视角

东湖绿道的规划范围为武汉市东湖风景名胜区，东至武广铁路，西至东湖路，北边以筲箕湖以北地区及中北路延长线为界，南边界至老武黄公路、喻家山、南望山一线山脉南麓区域，总面积约为62km²。

即使在东湖隧道落成以后，也还有专业园林景观团队参与到东湖绿道的规划工作中来，但其最终方案并没有被决策者采纳。究其原因为：东湖风景区美景天成，如此天然纯粹的美感归功于大自然的神奇手笔，人造的风景园林固然可以锦上添花，但毕竟无法从整体系统上为东湖区域乃至武昌片区的空间格局带来改变。

为绿道选线，是关系东湖绿道基本定位的核心命题，也是决定整个项目规划成败的根本脉络。

大区域规划视角，意味着东湖选线将建构东湖绿道的区域拓展网络，绿道网络也必然建立在城市区域与东湖联系的思考上。

线性关系是全局性的。选线工作的本质为：以东湖为一个关键点，将绿道的线路串联与发散开去，景区中的经典景观直接和周边门户地区连接，最终形成了独特的武汉网格——将武汉城区切分为局域区块、主干网和线网疏密有致从中穿过。

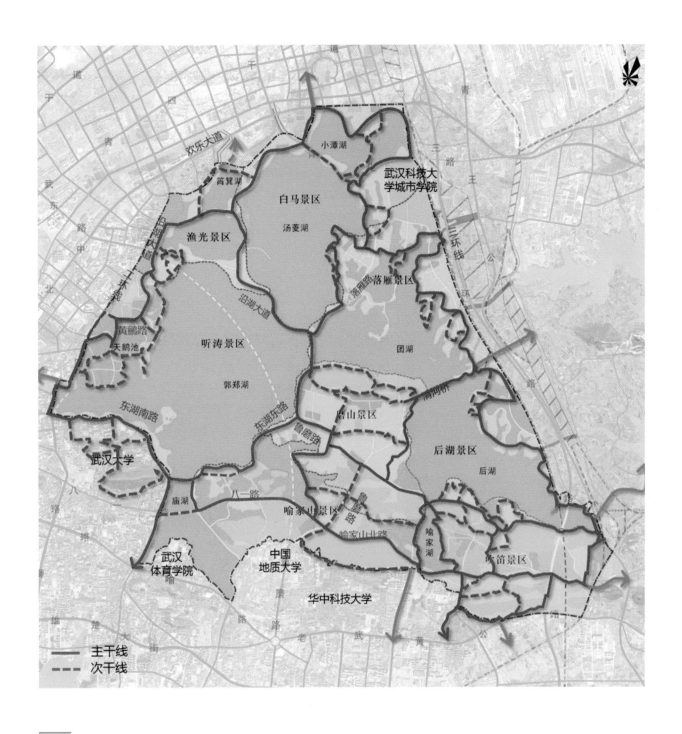

图中标注文字：

小潭湖

武汉科技大学城市学院

篓箕湖

白马景区

汤菱湖

欢乐大道

渔光景区

落雁路落雁景区

沿湖大道

听涛景区

团湖

郭郑湖

情侣桥

东湖南路

东湖东路

唐山景区

鲁磨路

后湖景区

后湖

武汉大学

庙湖

八一路

喻家山景区

喻家湖

吹笛景区

武汉体育学院

中国地质大学

喻家山北路

华中科技大学

主干线
次干线

图2-3 绿道线路的串联与发散

主干线以高标准配套，直接深入抵达东湖风景区核心景点，融合主城区——这种打破传统思路的非常规规划思路，传达了一种更深刻的意义：市民可以从城市的多个热门区域直接抵达东湖绿心。这不仅减少了游览者交通换乘的频次，节省了他们的时间和体力，更重要的是改善了城市环境、引导了生活方式转变。

这一重要创举的可贵之处在于，它既串联了城市重要片区，彰显城市地域特色，又落实了基本生态控制线，实现生态保护和利用的共赢，并且补充了城市交通体系，实现了共筑生态高效交通新常态。

最终，东湖绿道建构起长江以南主城区范围的整体绿道网络格局，形成"6+3"区域网络体系：总长度约377km，全面联动区域共同发展，其中包括6条特色绿道线以及连接特色绿道的3条区域联络线。

图2-4 大区域规划视角：东湖与城市的联系

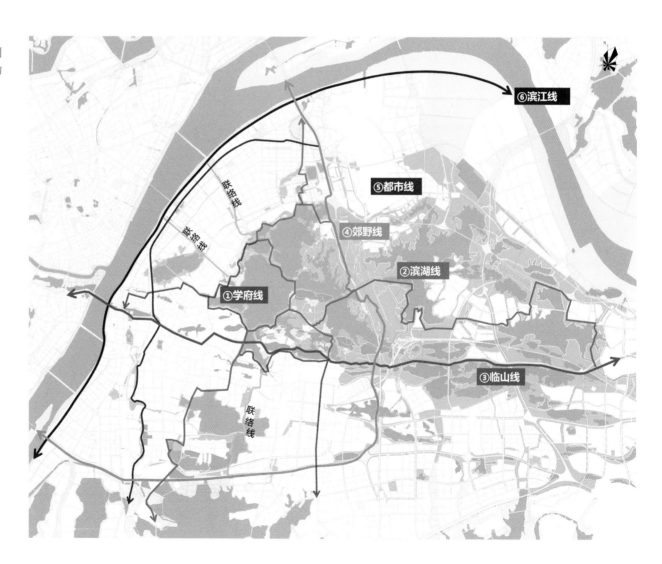

6条特色绿道线各具风韵，武汉的多面之美得以尽情呈现：结合防洪堤设置，展示城市滨江风貌的"滨江线"；原五九铁路串联青山滨江商务区、武昌滨江商务区、华中金融城武昌古城等重点功能区，展示都市风情的"都市线"；结合城市三环线大东湖绿契设置，展示郊野风光的"郊野线"；主要串联武汉大学、武汉体育学院、中国地质大学、华中科技大学等高等院校，展现城市学府人文气质的"学府线"；串联严西湖、严东湖、东湖、南湖，展现百湖之市风采的"滨湖线"；串联武汉东、西山系，展现山林风光的"临山线"。

展开规划图纸就能放眼全局：东湖绿道的规划并不局限在东湖风景区内，而是立足长江以南的区域视角，促进东湖绿心与城市的高度融合。通过九峰渠、青山港、罗家港、东沙连通渠以及东、西山系等经脉，形成区域的水网及绿道网络，真正实现市民出门可见绿道。

⬡ 共思维

何为"一体化思维"？简而言之，即是在体系规划中规划师们达成的最重要的共识：绿道规划无论如何都不应该仅局限于绿道这条慢行道的本身，而应该站位于整个城市发展的战略，以东湖整体发展与提升为出发点，通过功能激活、景观提升、交通优化、驿站配套等一体化措施，让东湖绿道达到更高的标准，从而带动东湖乃至整个武汉城市的发展。

从这个概念出发，东湖绿道的基本规划思路由此成型，那就是以绿道为触媒，从功能、景观、交通三个维度全面提升东湖品质。

〉 活力开放的功能体系 〈

东湖绿道以"以人为本"为出发点，着力实现城市功能与公共空间的良性互动和融合，提前筹谋了未来活动和规划空间的关系，全面激活东湖活力。

结合东湖独特的自然资源和文化资源，规划者考量了东湖全天候各时段主要活动及主要活动区域，根据四季变化，搭配各色主题活动，打造四季多彩变幻的独特东湖。

一方面，绿道预留空间与国际性赛事活动接轨。在考量环东湖马拉松、自行车比赛等体育比赛时，明确人行道宽度不低于1.5m，自行车道宽度不低于6m，转弯半径21m，以避免小转弯半径。

水上运动则考虑国际龙舟赛、帆船比赛等赛事提档升级的可能性，提供了大面积的开阔观赛码头、湖中道生态护坡、磨山北门及全景广场等沿线观赛空间。时间印证了这种前瞻性的智慧。至2019年，百公里绿道成网，作为第七届世界军人运动会主赛场之一，东湖承办了马拉松、自行车、帆船等重大赛事。

另一方面，规划还详尽调研了在东湖绿道开展各类文化活动的实用空间，如元宵灯会、诗歌吟诵、共享农庄、园艺种植、东湖文化课堂等，同时期冀以全球大学生最密集的城市和湖泊为基础，将东湖绿道打造为承担全球大学生文化交流的理想场所。

同时，东湖绿道激发了区域内生活力的生长，避免采取"一刀切"式的完整"迁出式"改造，而是通过政策扶持，鼓励非核心景区的景中村原住民留下来，继续参与农业生产和绿道的基础建设。一方面，增强原住民生存和发展的内生动力与创造性；另一方面，对其宅基地在丰富多彩的生产形态中进行合理利用。

例如，对湖光村、先锋村、磨山村、白马洲村、风光村、梁张村、大庙咀、晏家村等景中村按照自身特征，分别采取区域引爆、特色植入、田园牧歌三种模式进行功能挖掘。在保留景区原生活力的基础上，让东湖原生态的人文风貌再次焕发勃勃生机，也成为实现乡村振兴的一次创新尝试。

〉 多层次的景观体系 〈

东湖绿道以道串珠，东湖景区的景点不再是大珠小珠落玉盘，而是以绿道为线脉，描绘世界级景观画卷。构建观景眺望系统，修复不利生态环境，营造"楚文化"主题景观，塑造近、中、远多层次景观感受，彰显东湖的独特魅力。

东湖景观体系主要通过绿道的道路规划得以展现。因此，绿道节点成为景观大格局下重要交通枢纽和休憩平台。规划先期完善了东湖入口体系，打造东湖迎宾区。在东湖现有9个入口的基础上，提升5个入口景观品质，其后建议在东湖东、北段新增4个入口节点，提升东湖可达性和标识性。另外，通过绿道串联可达性差的区域，完善旅游基础设施建设，增加了可达性和可游性，打破现有封闭格局。

为建立东湖绿道全面畅达景区的完整贯穿格局，经过反复地决策沟通，绿道打破了主要景区及单位的封闭精英模式。绿道建成前，地处东湖核心位置的磨山景区，门票价格为60元/人，全年财政收入约占东湖景区门票总收入的六成。为切实提升东湖绿道中景观品质和交通便利，武汉市政府最终下定决心，实现了磨山景区的全免费公益开放，马鞍山森林公园随绿道二期建成后也免费向公众敞开大门。最终实现了一期绿道惊艳亮相以及二期绿道完整成环。

同时，规划打造多样创意的绿道体验。绿道结合挑台、架桥、木栈道等方式，形成"水·绿道"，提供亲水体验；结合山石路、木板道、架桥等方式，形成"山·绿道"，体验山中奇趣；结合花海游园、花树隧道、花样铺饰等方式，形成"花·绿道"，塑造花空间；结合灯光装饰艺术，形成"夜·绿道"，提供夜间景观。

湖中道改造景点湖心岛，正处于东湖隧道应急通道区。它由湖光阁、沙滩浴场、阳光草坪以及杉岛、花岛组成，其正处汤菱湖、郭郑湖的中间腹地大区域，是6湖连通的关键位置。为最大程度保护生态，湖心岛在规划之初就有水文专家对湖水的流动进行了模拟分析，岛屿的具体设计结合了水的流通廊道。

此前，东湖隧道施工团队、工程部均在湖心岛据点，因此堆砌了大量隧道施工中从地底挖出来的土方。如何处理这些土方？规划者采用原地利用、原地消化的巧妙构思，结合水流精心选址，土方入湖，塑造了岸边不远处的小岛，再在岛上栽种植物打造天然景观。

原东湖隧道工程部所在的宽敞平地，则就势打造成阳光草坡，成为观赏日出的绝佳景点，可以扎帐篷进行大型活动，演出，音乐节，露营地。提升内生活力，打造观赏空间。

因地制宜、就地利用还体现在结合绿道的本来资源，最大限度地保留它的自然原貌。在曲港听荷景区，有一座曾用作养鸡场的红砖房，正好处于风景区禁止新建房屋的范围内。规划人员第一次勘探现场的时候，就被世外桃源一般的景象深深打动。水草丰茂的湖畔，夕阳打在老旧的烟囱红砖房上，像一幅静谧的油画。

如何保留下这片尚未被发掘的美景？在反复研讨和论证之下，红砖房通过合理的规划得以保留下来。通过对周边环境的改造提升，红砖房成为郊野道上的一道浪漫风景。

图2-5 文体活动与自然美景相融合

> 结合东湖特色的景观布局 <

"旷、野、书、楚"

心旷神怡、野趣横生、书香浓郁、荆楚风物，是武汉东湖绿道如今呈现给世人的迷人景象。

绿道一开始就定位为世界级建设标准，结合东湖"旷、野、书、楚"特质，目标是打造"最具书香气质、最具大美神韵、最具人文生态的世界级滨湖绿道"，形成"信步东湖畔，众览书香城"的规划意境。

不同于西湖的小巧灵秀，东湖阔大而旷美，晴空之下，波光潋滟，一碧万顷，气势磅礴。游人来到此处，总会产生一种拥天抱地的豪气、襟怀开阔的畅爽。

为了让游客能近距离感受东湖的波澜壮阔，设计师着墨颇多，精心打造更多"能欣赏的停留处"。位于湖山道的全景广场，游客在此休憩，可远观壮丽的城市天际线，九女墩观景平台则专门延伸出去，让人仿佛身在湖中。磨山北门附近的山脚下则规划出大片有高差的草坪地形，游人身临其境，确是"背倚浓荫天作幕，绿草如茵鸥鹭飞"。

武汉市民厌倦了都市的喧嚣时，便可携亲带友，来东湖绿道尽享天蓝水清、花海山林。这种身心的愉悦一方面来自自然恩赐的美景，另一方面则来自郊野的自然生态得以最大保护。

"野"和"趣"，是东湖绿道着力打造的景观特色和亮点。正如落雁驿站的观鸟台，塘野蛙鸣的仲夏夜，万国公园的油菜花田和茅草屋。更难能可贵的"野趣"则是在原有生态体系下的构建，尽量减少人为干预。其中，众所周知的一大规划亮点就是给小动物预留通道，另外规划师还格外强调了对大自然的尊敬和避让。

如果将绿道的主线建在湖岸边，或许会符合游人渴望与东湖零距离接触的期待，或许能满足景区内村民守护农田的诉求。然而，最终绿道选线被坚持定在了略微远离湖岸的地方。

这种考量颇为细致：绿道的施工过程，工程机械的进驻，建筑材料的使用，都会影响湖岸湿地的生态环境。这项规划的坚守背后的意义在于，湿地是水净化的宝贵载体，人类肆意地进入自然环境，是一种粗暴的侵占和打扰。

在规划师的眼里，作为武汉的一块自然瑰宝，东湖是那么珍贵、那么纯粹，从某种程度上说，只可远观，不可亵玩。

结合"毗邻世界最密集的大学城"及"世界最大的城中湖"这两大得天独厚的宝贵资源，东湖绿道有着"最具书香气质"的美誉。这里以全球大学生最密集的城市和湖泊为基础，作为承担全球大学生文化交流的理想场所。

通过景区巴士接驳，东湖绿道打造了高校内部旅游新热点，强化学府线多样化的文化气质和体验感受。以科技展示区为例，通过后退现有围墙，形成面积约8700m²的科技展示、文化互动与绿道服务区域；并改造水工实验室为武汉大学科技文化展示中心，加强了高校与东湖的文化互动。

人间最美芳菲处，落英缤纷又一春。2019年3月24日，来自全国208所高校的4500名大学生和留学生代表在这里激情奔跑，体验最美、最浪漫赛道。

这一活动旨在响应"百万大学生留汉计划"。与这一计划呼应的是绿道三期将在部分驿站设立书吧、图书漂

蝶变 —— 东湖绿道规划与实践

流点，打造磨山楚才文学苑、东湖校友文化园、校友之窗、杰出校友植树林等主题活动园区。东湖绿道将成为校城联动的一道典范。

穿越历史时空，联想东湖历史，站在磨山之巅，可观东侧对面落雁区有一鼓架山。当年楚庄王在此击鼓督阵讨伐斗越椒，越椒向楚庄王射出一支猛箭，却射到了鼓架上，使得东湖这块宝地形成更加厚重的历史记忆。

东湖绿道的落成，将磨山景区分散的楚文化景点进行了有机串联。一步一步沿线去勘探，非常细致地跑现场，最佳观景点和原景区理念进行复合，并通过设计构思将其再强化，景观细节和路径标识、标牌的处理，突出了磨山楚城、楚望台、楚市等连续的串联景观。鹅咀南半岛，远观磨山观景平台，湖景和楚文化景观相映生辉。驿站坡屋顶的颜色、石材和湖北省博物馆相似，以红、黑色的强烈对比为主题基调，在楚建筑装饰中，红为火的颜色，象征南方，系生命之色；而黑色则是指北方，红、黑二色有阴阳调和之意。在此基调上再敷陈五彩，艳丽、缤纷、斑斓，心灵的震慑与感官的享受奇特地融为一体。

图2-6 "野"和"趣"是绿道着力打造的景观亮点
|俞诗恒　摄

第二章　划

47

图2-7 远望磨山，湖景与楚文
化景观相映生辉 | 俞诗恒 摄

〉 交通体系的颠覆变革 〈

总览武汉城市格局，历史上的东湖南路和环湖路承担大量过境交通，始终承载着城市东西向连接、过境交通、景区内部交通的重担。

与此同时，机动化出行比例较高、公共交通不完善、停车位不足、配套交通设施缺乏、旅游交通体系不完备等现状交通问题也一直存在。

为此，在2012年筹备建设东湖隧道之时，武汉市政府已经考量，通过新建隧道承载机动车过境的职责，把东湖路"还给"东湖风景区。

这一前瞻性思路使得区域地理条件终于成熟，为东湖绿道的规划奠定了坚实根基。最终绿道建成，给东湖片区乃至武昌片区的交通方式带来颠覆性的变革。

东湖绿道规划中始终秉持大区域视角。规划提出，完善区域交通组织，通过欢乐大道、二环线、长江大道、三环线、东湖隧道和植物园隧道形成的"一环两轴"的快速路网，组织过境性交通，提升交通运行效率。

随着交通体系的彻底重构，东湖绿道对区域民众的出行方式乃至生活方式产生了深远影响。

——优化内部交通环境

绿道规划之初，就对支撑安全出行的便捷区域交通环境提出了要求。

首先，高效疏导到达性交通，按照"适度分散、功能集约"原则，规划12条到达景区的重要通道。

其次，绿道规划以"内慢行、外车行"分区、分级的交通组织体系，实现内外、快慢交通互不干扰、各行其道。通过有效分流过境性交通，保护景区生态环境。

三级内部循环公共交通体系也在考虑中成型，即"东湖环形公交专线—景区之间接驳电瓶车—景区内部游览电瓶车。"

对于湖光村等曾经生活在景中村的村民而言，虽然曾经因为建设绿道而面临短暂的交通不便和出行负担，但在绿道落成后，公交车直通到家门口，便得以享受在风景区安家的怡人之境。

或慢游，或骑行，或观光车……这条开放的城市绿道，以"畅通、便捷、宁静、安全"为交通规划目标，结合东湖风景名胜区总体发展构想，实现了交通体系优质重构。

——外围机动车轻松畅达

市民抵达东湖绿道的便捷性，是景区成功聚拢人气的关键要素。规划形成了东、西双环公交专线，实现串联磨山、落雁、听涛等景区及武汉站、欢乐谷、武汉大学等客流集中区，方便游客直达主要景区，并便捷换乘至机场、火车站。同时，增强公交可达性，增设青山至欢乐谷、南湖至珞洪区、光谷中心区至武汉站方向3条线路。

在车型交通方面，打造徐东大街等12条到达景区的重要通道，规划建议，黄鹂路建设直行高架，八一路双向拓宽，八一路与珞狮北路交叉口实行交通管制，鲁磨路双向拓宽，改善青王路路面状况。

以"停车场与内外交通衔接枢纽有效结合"为两大原则，规划设置10处相对集中的"P+R"换乘接驳点和5处大型临时停车场，以满足人流高峰日需求，集停车、自行车租赁、信息咨询等于一体，实现到达车流与绿道的无缝接驳。

绿道规划提前展望到未来人工智能发展的新趋势，通过建立智能交通系统，如区域停车智能系统、智慧公共自行车系统、安装自行车流量计数器、提供智能型手机APP服务等措施，优化交通管理，为游客提供优质交通服务。

而水上交通的开发则能够利用东湖得天独厚的优势。2019年，在改建、新建近30个码头后，绿道观光车将和东湖游船更频密对接，一张更灵动自如的绿道游览路线图呼之欲出。

为方便绿道游客在游船和观光车之间自如换乘，同时保护水体环境，避免游船进入团湖、后湖等未开发水域，东湖绿道进行了码头分级设置。

图2-8 码头分级兼顾了水体保护与游览需求 | 俞诗恒 摄

码头分为三级：一级码头，即门户码头，在汉街、楚风园、落霞归雁、白马洲、森林公园团山等处建设，游客可通过门户码头登船进入东湖水域；二级码头即经停码头，设置在落霞水榭、湖心阁、磨山东等地，方便游客抵达东湖各个腹地；三级码头为专用码头，将设置在长天楼、行吟阁北等地，是主要针对人力手划船、人力自划船的码头。

规划拟围绕东湖特色体验，在小湖水域开发出驾船体验捕鱼、湖中采莲、湿地观鸟、手划船等项目。

至此，东湖游船、东湖绿道、东湖景区联动，形成了游船+观光车+自行车+步行的立体旅游模式，从而为游客提供运动、赏花、郊游、观鸟、荡舟等多条特色线路。

东湖绿道已名副其实成为集游览、休闲、运动、健身等多项城市功能于一体的城市绿心，其先进的设计理念是向世界发出了一个信号。中国的城镇化正在进入一个更注重人的活动和生态环境、更加以人为本的转型期，武汉将成为世界城市的"明星"。

整规划

从绿道总体布局到综合功能、交通衔接、绿廊控制等方面，对东湖绿道做出整体性的统筹，设计全盘、整套行动的方案，并明确建设分期时序，是东湖绿道全过程规划的科学方法论。

就如布局一盘大棋，分期推进的过程中，规划者对东湖绿道建设每个阶段的建设时间、长度、建设类型、配套设施、联动工程及交通方案等方面进行了具体安排，按照建设先易后难、串联现状重要节点、道路交通工程支撑以及尊重公众调查意愿等原则，在前期规划中早已明确东湖绿道建设总体按三期工程进行推进。

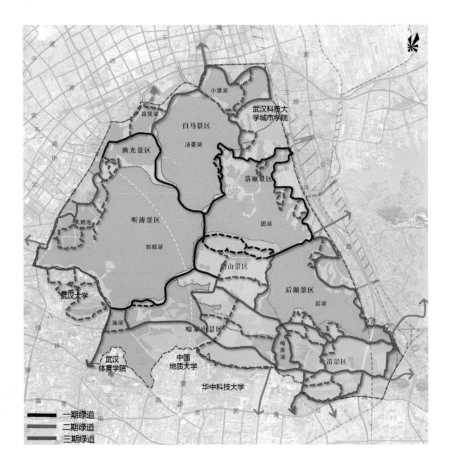

其中，一期以环郭郑湖、环团湖落雁片区及磨山绿道等西侧与东侧段为主，二期以北侧、东南侧段为主，三期以南侧段的软实力再升级为主。

〉 一期工程：串联经典的众望所归 〈

全过程规划中，一期规划主要起到串联重要景点、尊重公众意愿等分期建设原则。

首先是考虑公众意愿。根据前期众规调研中众多来访者描绘出的线路图重叠率，选择公众参与热情度最高的湖山道、湖中道、磨山道等多个主题段，纳入一期工程。这也是多年以来最受市民欢迎的东湖经典游览线路。

一期工程的选线，固然是众望所归，同时也是多角度分析后的标准定位的结果：一方面，从服务市民的角度考虑，东湖绿道的一期工程不应该偏离大多数人群的活动轨迹，就必然要选择和城市生活区最接近、人口流量最大、辐射区域最广的地段。因此，在东湖西侧和城市衔接最紧密的地带打造绿道一期工程，就可以惠及尽可能多市民和游客，最大化体现绿道建成以后对城市品质提升的综合效果。同时，也能够获得相应的社会影响力和曝光度，打响绿道品牌，形成热点示范效应。

图2-9 设计全盘方案，明确建设分期时序

另一方面，在施工难度和道路交通支撑系统上，湖山道、湖中道、磨山道都有得天独厚的优势。经过大半个世纪以来东湖风景区不断完善和建设，这些道路条件已较为完备，绿化景观和服务设施也相对成熟。由此改造和施工，借以最小的人力、财力呈现出最大化的景观效果。

从最受公众欢迎、城市衔接紧密、施工效率最高这三个角度考量，东湖绿道一期工程范围初步确定。

不过，另外被纳入一期工程的东湖西侧郊野道也值得一提。这本是一片"少有人走的路"，与早年开发完备的梨园、磨山景区常年的人声鼎沸不同，郊野道人迹罕至、风光迤逦，保留着最原始纯朴的天成美景，无疑让人多了几分野游的乐趣和探索的新奇。这也是一期工程为公众呈现的全新景观和未知体验。

同时，郊野道沿线还错落着城市大发展后难得尚存的村落和农田，乡土、乡情、乡愁的独特情感体验，在喧嚣都市中的这一隅被完好地保存。随着民宿、茶馆等全新业态的不断入驻，市民可在此亲临风景区、特色小镇、田园综合体的巧妙结合，感受人与生态环境共存的和谐之境。

〉 二期工程：成网成环带动区域发展 〈

如果说东湖绿道一期工程是经典景观的完美串联，那么二期工程就是一大片壮丽恢宏、绿意盎然的"东湖绿心"。在前期整体布局之下，东湖绿道二期以道提升、以道串珠、以道开导，有效促进东湖绿心及周边城市功能区的融合发展，全面带动东湖城市生态绿心建设。

二期工程的实施同样依照全过程规划的原则进行，进一步在选线、交通、出游体验方面进行优化，解决了一期工程尚未完成的部分问题。例如，湖中道上电瓶观光车、自行车、行人，人流拥挤；游玩结束想要归程，只能

图2-10 以道串"珠"，
以道开导 | 俞诗恒 摄

蝶变 | 东湖绿道规划与实践

54

选择坐电瓶车走回头路；多数时候游客往返于景区热点地段，难以深入东湖腹地，去体验湖山深处的幽静之美。

二期选线最大的重点就是与一期无缝对接——环抱汤菱湖、后湖等大东湖的两个子湖，形成一块巨大的绿网系统，并形成多个大小环路，给绿道带来多个出口，有效分解人流，交通系统也随之配套循环，不走回头路，给人带来更加完整的出游体验。同时，二期选线形成主、次两级干道，通过次干道深入到东湖腹地。以森林道的支线万国公园为例，这里一度被称为是武汉遗弃的美景，烂尾工程遗留下的哥特式建筑、金字塔、神庙曾引发本地文艺青年、摄影爱好者的关注。绿道二期开放后，位于郊野道荒芜多年的万国公园遗址"满血复活"变身"万国风情"，重回大众视野。

〉 三期工程：软环境的全面综合提升 〈

随着73km绿道二期建成开通，东湖绿道实现全线贯通、扣环成网，总长达百公里。随后，东湖绿道三期工程全面启动，重点对已建成的一、二期进行文化、环境、配套、运营等方面综合提升，带动东湖整体协同发展。

三期工程被认为是东湖绿道软实力的综合提升，其中包括环境整治提升、完善服务配套、加强运营管理、提升文化内涵。

首先，工程进一步在交通上提升了绿道的便捷性和通达性。例如，拟建一座跨欢乐大道人行天桥，以改善现有人流密集、交通不畅的问题，武汉火车站的旅客均可通过天桥直达白马驿站和景区。同时，叶家湾节点被打造成东湖东北部重要门户，为市民游客新增了一个从落雁路、雁中路进入东湖绿道的新入口，并完善服务配套。

水环境综合治理和修复也是三期规划的重头戏。相关工作不仅涵盖东湖湖泊的水体提质，还包括东湖绿道二期沿线33个湖边塘的水环境综合整治，按照"一塘一景一品"的原则，通过底泥清淤、岸坡修整、水生植物梳理等手段优化内部小环境。沿线岸坡将打入杉木桩，有效保护湖边塘形态，种植菖蒲、梭鱼草、千屈菜等挺水植物净化水质。设计方案中，还提出在小潭湖中增加喷泉水景，提升观赏性。

此外，三期规划还重点打造大型停车场配套和游客驿站综合服务功能，满足旅游咨询、休憩、简餐等游览服务需求。在空间景观方面，通过打造池塘、节点广场、背景林、花海、大草坪、雕塑、栈桥、观景平台、廊架等一系列景观点形成丰富有趣味的景观体系。

如果设计是点状工程，规划则是系统工程。全过程规划，是全盘考虑的大前提下，井然有序地分解实施步骤。它以科学性、前瞻性为方向，兼具理性思考和感性情怀。在东湖绿道全过程规划的实施环节中，既响应了中央绿水青山的生态文明号召，也满足了城市居民回归自然、追寻精神家园的需求。纵览全过程规划的路径，我们得以见证东湖绿道从无到有、从道路规模初现到品质日臻完善。最终，这一宏伟浩大的时代工程，在岁月的见证下成就了世界级城中湖典范之作。

第二节

绿道设计

生长

建设绿道是当今世界的潮流，早在1987年，美国总统委员会的报告中就对21世纪的美国进行展望：一个充满生机的绿道网络……使居民能自由地进入他们住宅附近的开敞空间，从而在景观上将整个美国的乡村和城市空间连接起来……就像一个巨大的循环系统，囊括了城市和乡村。

从此，世界各国纷纷开展绿道建设，给各国的经济、人居环境带来良性互动。

在美国，绵延4500多km的东海岸绿道宛如一条玉带，串起大西洋沿岸的15个州和27个大城市的州府、学校、公园、文化景观遗迹，大大促进了美国经济发展，并且带来巨大的社会和生态效益。

武汉的绿道建设一直走在全国前列，2009年时任武汉市市长阮成发就对武汉市园林局提出，应该在武汉市建些绿道。2011年，《武汉市绿道系统建设规划》编制完成。随后，武汉相继在蔡甸后官湖、经开龙灵山、江夏青龙山、张公堤公园、东沙湖等地区建成绿道1100km。

东湖绿道正好在2015年武汉"绿道建设年"开工。全长约28.7km的东湖绿道一期，共打造出湖山道、湖中道、磨山道、郊野道4个绿道主题，设置了18大景观主题区域，绿道主线按自行车道赛道建设标准设计，路宽不少于6m，并建设了12个服务驿站。

2017年12月26日，东湖城市生态绿心的标志性工程——东湖绿道二期建成开放。至此，东湖绿道一期、二期扣环成网，串联合并为湖中道、湖山道、磨山道、郊野道、听涛道、森林道、白马道7段主题绿道，宛如一条"绿链"，尽展大东湖自然之美，成就城湖相融、山水相依、文景相生、高效便捷的东湖"世界唯美城市绿心"。

五条主题景观道

|湖中道|

东湖绿道湖中道起于梨园广场，经九女墩、东湖渔场、沙滩浴场、鹅咀，终于磨山景区北门，全段长约6km。湖中道利用原有的沿湖大道禁行后的道路，进行路面改造后形成湖中穿行的绿道。设计团队提出"边界处的自然"这一设计理念，通过城市景观到自然景观的过渡来探讨城市生长的问题，并最终形成"水杉林立，恣意盎然"的景观意向和6个主题区域、6个特色段、4个驿站的整体规划结构。

梨园广场作为东湖景区的西向入口，承载着重要的生态门户形象。设计团队结合启动段路径，提升西入口梨园广场的景观品质，通过提升入口标识性、梳理交通换乘组织、增加服务配套功能打造门户迎宾区。

规划提出开放楚风园，结合梨园广场、梨园大门、东湖海洋世界打造连续的景观区，并结合8号线梨园广场站和地下停车场建设，统筹考虑西向入口交通集散、服务配套等功能，形成东门户区域。其中，梨园广场作为主入口，湖光序曲（原楚风园）作为次入口，共同形成门户景观。

设计通过流线组织及空间引导性、雨水花园塑造、微地形处理、服务功能强化，实现生态门户塑造，使其成为兼具生态展示和城市形象的元素。梨园广场北侧驿站在保留现状水杉林的基础上利用临水的开阔视野，设计餐厅及茶亭、水岸广场，将人们的临水体验最大化。

受地铁8号线及梨园广场地下改造建设周期影响，梨园广场无法在绿道开通时建成，因此按同步实施原则，先行开放湖光序曲，作为临时主入口，利用现有建筑和场地，实现交通集散、服务配套等功能。待8号线及地下停车场建设时，一并进行梨园广场改造。

之前2万m²的梨园广场，约有1.5万m²是绿地，还要承担公交首末站、地面停车场的功能，广场南侧地面停车场只能提供60多个小车泊位，停车位资源非常紧张。梨园广场公共停车场经过改造后地下共有3层，其中，地下一层为人行通道，可将轨道交通8号线梨园广场站和梨园景区大门、东湖绿道入口无缝对接；地下2、3层为停车场，共有车位607个；停车场地面部分主要设置城市公园、首末站公交枢纽场站、旅游大巴停车场、景区接驳车停车场，地上、地下相加，改造后的梨园广场停车场既是地铁、常规公交、景区接驳车、公共停车场等综合交通枢纽，又是具备生态、休闲功能的新的景观点。

湖中道倡导步行、自行车和电瓶车使用者的最高安全保障，结合现状道路的不同特征，设计团队将该段以非机动车改造为主，采取保留垂直驳岸型、生态护坡型、栈道型三种驳岸处理方式。在道路断面处理上，自行车道主要通过对现有沿湖大道进行机动车禁行后腾退的车行路面空间改造形成；人行道利用现有腹地改造，在现有腹地不足地段通过悬挑栈桥或生态护坡式拓宽，其中新增悬挑栈道拓宽段约0.4km，新增生态护坡拓宽段约2.2km；

图2-11 "参天杉树巍然立，一湖风景缘堤扬"，这段长堤承载了几代武汉人的丰富记忆 | 设计团队 摄

图2-12 湖中道两旁均为杉林湿地，其中设有水生植物以净化水质

图2-13 东湖绿道让世界遇见最美武汉

同时，保留现状水杉行道树，在树下以低矮灌木隔离人行道与自行车道，保证道路使用的舒适性以及树木的良好生长。最终形成双侧1.5～2m人行道+双侧1.5～2.5m绿化带+6m自行车道断面形式，总宽度原则上控制在东湖总体规划确定的14m宽路幅内，体现湖中穿行的意向。

此外，设计团队结合环湖中道沿线景观特质，打造特色水道，实现闲适杉林、湖岛漫步的绿道体验。例如，结合九女墩湖边现状水杉林，增加0.2km水杉林道，融入由湿地、林地与水体组成的生态环境中，营造出自然宁静的环境氛围给游人穿行于湖岸森林之感；结合隧道围堰弃土，在湖心岛建造湿地岛屿，并将湿地岛屿与一组木板道连通，长约0.5km，为游客提供在动植物健康生长的自然生态环境中观赏各种湖泊生态群落的体验。

优美的池杉岸线贯穿湖中道，成为东湖风景区最具代表性的风景线，设计团队立足东湖景观特质，根据景源集聚度、可达性及视线开敞度，沿湖中道合理设置重要观景界面和观景点，构建观景眺望系统。例如，在湖中道新增观赏水天一色的九女墩驿站、观赏磨山楚天的鹅咀、观赏水杉长廊的磨山北门3个览尽最东湖景观的典型观景区。具体来说，将九女墩轴线延伸至水岸边，并架设观景平台，实现最开阔的视野，观赏郭郑湖水天一色的大美景观；在鹅咀北侧小岛提供便利的驿站服务，在南侧小岛增设半岛平台，提供观赏最东湖的地标——磨山全景的空间；在磨山北门入口，通过降低栈道标高，凸显水杉林风光，内弯自行车道，释放湖湾开放空间，形成磨山北门入口标志区，改造现状封闭水岸，通过亲水平台、栈道、观景台阶及游船码头，开放水岸视野；一览笔挺的水杉、蜿蜒的堤岸、斑斓的倒影及穿梭的龙舟。

同时，设计团队根据景观特色和场地情况，运用多种造景手法，改造提升现状景点及补充新景点，形成绿道沿途兴奋点。例如，延续现状九女墩轴线至湖边，建立起山丘景观与湖岸景观的联系，在湖滨一侧，通过水岸广场、林下栈道、观景平台等提供多样亲水观景场所；在山脚一侧，通过保留现状大片茂密的水杉及池杉树木，清理杂乱植物，整理空间，安排驿站建筑、电瓶车与自行车停靠场地，为观景平台的人群提供便利的配套服务。同时，结合九女墩历史遗迹，运用白芷等植被造景，象征民族团结的精髓。在湖心岛区域，在提供便利的驿站服务基础上，保留现状沙滩浴场、湖光阁，优化临水空间，提供亲水平台与休息设施；利用东湖隧道土方在湖湾处设置生态浮岛，并铺设水上栈道，为游人提供湿地体验空间；结合现状空地改造成为阳光草坡，以提供大型集会场所和露营场地。在鹅咀区域南半岛，通过拆除现状临时建筑及服务设施，恢复、整理场地植被；并利用地形高差打造坡地看台、栈道、亲水平台等多层次休闲平台，提供观望磨山楚城楚天台的绝佳视点；在鹅咀区域北半岛，利用现有空地建设生态驿站，为人们提供便捷服务。通过不同景观植物的搭配打造微景观，彰显武汉翘楚特色，并利用湖畔草坡打造静思的半私密空间。

湖中道整体简洁、开阔、大气，以杉林长堤为最大的特色亮点，设计团队结合湖中道水杉林立的主题意向，在绿化隔离带中强化水杉林的主体地位，补充低矮植被，实现安全隔离，局部地段点缀开花植物，其中众多风景优美、特色各异的节点增添了游人的游览停留时间。湖光序曲作为绿道起始点，延续该节点"从森林出发"的理念，突显楚风汉韵，乔木以水杉、梅花、湖北海棠、玉兰、梧桐、丝棉木等具有湖北特色的植物为主，地被植物以湖北特色乡土植物为主，现有的水塘种植荷花、慈姑、石菖蒲、水生鸢尾、水蓼等形成楚辞花园，结合堤岸的改造，营造湖中有湖、碧水连天的滨水空间。

九女墩为纪念性景点，在保留现有乔木，少动现有地被，不惊扰林中小动物生存环境的前提下，沿林地道路一侧补充耐阴开花地被如活血丹、虎耳草、肾蕨、麦冬等，局部营造静谧、葱郁的林荫环境，同时完善雨水花园植被，滨水区域种植水生、湿生植物与开花灌木，林中空地、道路拐角布置湖北特色植物——湖北玉兰或湖北山楂等，用白色的开花植物缅怀先烈。

东湖渔场是湖中道节点中以水生植物为主题大型景观点，渔场内保留现状乔灌木与挺水植物，结合渔场自身的堤埂肌理，形成野趣盎然的水上花园。鱼塘北侧的每个小水塘里以大片的挺水植物或浮水植物为主，岸边搭配木芙蓉、木本绣球、构树等乔灌木，体现生态自然的湿地景观；么勾桥以南水生植物以现状的大片荷花为主，在岸边可配置夏季开花的木芙蓉、垂丝海棠等，呈现出"接天莲叶无穷碧，映日荷花别样红"的景色。

湖心岛凭借其独特的地理优势将东湖水域风光尽收眼底，设计团队充分挖掘利用滨水自然资源，突显"湖中有岛、岛中有湖"。植物配置主要以春花、秋叶为主；考虑东湖风向及水位，确定北面最大水岛以垂丝海棠、湖北海棠为主，以香樟、垂柳构建天际线；两座小岛一处布置池杉纯林满铺二月兰，另一处以枫林为骨架，满铺紫娇花，可以从早春至初夏观花，并在深秋赏叶。阳光大草坪以香樟三角枫为主要林带背景，预留视线通廊观湖，林缘片植樱花，成丛点缀鸡爪槭、红枫提亮秋色，草坪上孤植大规格朴树。岸边片植《离骚》中观花植物，形成

图2-14 湖中有岛，岛中有湖，揽景之胜，唯此处也

忘忧花港、海棠花溪、芳草花径。

鹅咀是观日出的绝佳节点，在植物配置上以突出湖景为出发点，以大树为本，大树组团树冠相接，点植旱柳等高大乔木作为骨架，中层以碧桃、紫薇等配合景石，花草点缀，表现出壮美的景致，明确限定了空间，既可让游人安静休息，又留出透视线供赏景用。

湖中道道路绿化根据与其衔接的节点的主题特色，形成与之相呼应的配置风格，在地被的选择上尽量选用常绿、观花、低矮、耐阴的灌木或草本，整体以简洁开阔为出发点，在局部点缀小乔木+草丛花境，形成别具一格的植物小景。从梨园广场至湖光序曲，保留上层池杉，下层以缀花草坪烘托简洁的风格；湖光序曲至九女墩，以常绿简洁的兰花、三七为主，与花坡形成对比；九女墩至东湖渔场在杉林下种植素雅的美女樱，呼应湖中段简洁开阔的特色，使游人穿行在杉影花带之中；东湖渔场至湖心岛，移除绿道东侧原有夹竹桃，增加开花灌木及观赏草，将东堤湿地美景展现在游客眼前，绿化带种植春鹃，结合节点入口适当点缀木本花境；湖心岛至磨山北门，7m宽绿化带内片植紫薇，下层种植春鹃+常绿鸢尾+木本花境，形成错落有致的植物景观。漫步其中，观大湖气魄，湖光山色相连，秀美山水引人入胜。

| 湖山道 |

北起磨山北门，经碧波宾馆、荷园、梅园、枫多山，终于风光村的东湖绿道湖山道，总长度约为6.2km，满足混合公交道、自行车道、人行道和国际赛事的要求，并形成"依山傍水，四季全景"的景观意向和2个主题区域、4个特色段、3个驿站的整体规划结构。

湖山道主要以单向公交车道改造型为主，由于单向公交车通行需求，利用现有的东湖东路形成4m单向公交车道，平时通过设置物理隔离实现公交车道与非机动车道道路分隔，赛时合并道路，长约2.92km；人行道主要利用腹地改造，一般为2m，在腹地充足区可拓宽至3m；自行车根据场地情况采取分离式或并行式，总宽度为4.5m。打造沿湖亲水步道，形成依山傍水意向的绿道。

一侧是山，一侧是水，远山淡影朦胧，近水纯净如新，无边山水皆来相就，令人心旷神怡。

在规划之初，设计团队通过对场地的深入考察和设计考量发现，湖山道的自然基础良好。整个绿道的路线有难以计数的"明信片"时刻——由游客、湖与武汉城市天际线所构成。然而，这里还需要的是能将这些美丽的片断和绿道联系凝聚在一起，创造出独具一格的品质和个性。设计主要围绕漫步湖边、畅游湖面、亲近生态、山体绿道、徜徉花海、静赏夜明几个部分展开。

首先，增加步行道，以及亲水的机会。创造一条连续的自行车与行人道路，环绕水岸线，并与城市系统相连。

其次，创造一条高效的巴士交通路线，驿站站点贯穿始终。并且，利用水上交通实现整个湖区的连接，增加公众亲近滨水和水道的机会，利用周边设施增强一系列滨水活动，让人心宁神静。

图2-15 自然吐纳
东湖气象，风光这边
独好 | 设计团队 摄

图2-16 湖山道打
造以自行车道和步行
道为主的绿道体系

再次，增强东湖本身的自然生态美。设计团队结合湖山道依山傍水的特色，以山休为背景，增加季节性变化的植被，并利用堤岸植物来增加季节性及颜色。例如，尽全力保护现状树木，尽量使用本地的植物种类，并且恢复原先生态簇群。在不破坏现有树木和环境的情况下，还利用空地移栽乌桕树、枫树等，突出绿道特色。使用生态的种植手法和创造人工浮动湿地来改善水质和水岸生态状态，创造一个怡人的游览环境。通过生态手段改善水质，有利于在生态栖息地唤起和增强公众的环保意识，加强生态建设和保护的互动。为东湖的野生动物提供保护栖息地带，利用本地植物使用波浪缓减措施来保护自然水岸线。减少不可渗透铺装，减少雨洪径流，使用替代措施来进行节能，如太阳能和风能，使用节能灯具照明。通过对树木种植位置的安排和绿色屋顶的设计来增加建筑的节能性。

在便民服务上，加强枫多山、猴山以及磨山之间的联系以及山脚步道与其他地区的联系，丰富山地活动和游憩。利用绿道沿线的空间，提供足够并且可达性高的自行车停车处，设置指引方向和说明信息的标识以及解说和有教育意义的标识牌。设立休憩驿站，为更好地观赏湖面美景提供服务。

沿湖山道一路前行，空气中弥漫着清新的因子，每走过一处绿道拐角，眼前出现的都是一幅时节动人的画面。

"磨山山色东湖水，朱碑楚台回首看。"漫步于全景广场，湖水、磨山、朱碑亭、楚天台尽收眼底，有一种大气加持的美，所见皆为不可多得的景致。

作为东湖绿道一期南门户的梅园全景广场，规划区域结合磨山、梅园、樱园及湖岸码头，形成连续的景观开敞区，营造宜人的滨水休闲绿地和舒朗开阔的绿化空间，同时设计梅园东驿站，解决南向入口交通集散、服务配套等，塑造东湖风景区南门户形象。

在驿站处，设计团队结合西侧现状停车场与南侧规划停车场，以及周边公交站点，为游客提供乘车换乘、接待服务、紧急救护、自行车租赁及停靠等服务。设计大面积入口接待广场，强化入口标识性，并以楚文化驿站建筑提示磨山景区周边的文化特征。

在滨湖开敞空间处，设计团队以全景视野为设计目标，实现起伏的城市天际线、广阔的湖面与生机盎然的景观环境的和谐统一。通过面向水面的大面积绿化开敞空间及视线景观轴设计，结合亲水台阶等处理，实现垂湖场地逐渐抬升，创造开阔的视野和良好的亲水性，提供能够欣赏城市轮廓线的开放空间。同时，以磨山为意向，营造区域的微地形，提供休闲步游者不同体验登高远眺城市和东湖的机会。并且通过交通流线优化，实现公交系统、绿道系统、机动车系统和"梅园—磨山北门（西）—楚风园—梅园"的大型游船水上交通系统的合理衔接，满足大量游客交通需求。

枫多山，以枫闻名。每到秋冬时节，枫叶或黄或红，异常好看。设计团队将八一游泳池打开，结合原有游泳池空间优化亲水空间，并提供大面积的休憩、玩乐、综合服务场所；对枫多山进行山体修复，结合修复的山体设计适应地形变化的高低起伏的生态绿道驿站；结合现有漫山枫树，增补植株，增加秋叶的林相变化，设计连接绿道的上山木栈道，并设计在林中穿行栈道，提供林中个性化体验，并与北面九女墩形成遥相呼应的景观意境。霜染枫林之时，还有水杉、梧桐、樟树、垂柳点缀其中，行走此间，色彩缤纷，目之所及，山色可亲，分外和谐，如同步入了色彩斑斓的仙境。

风光村，开阔平静的湖面，趣味盎然的游船，加之路边五颜六色的房屋，构成了一副色彩斑斓、层次分明的图画。从绿道方向望过去，宛若是远方的五彩渔村，惊艳了时光。

湖山道以自行车道和步行道作为绿道体系的主要线形表现形式，以串联散落的公共空间，同时自行车道和步行道为使用者提供最佳的景观体验和视觉感受，以健康低碳的方式，在满足通行游憩的同时，也实现了对自然和城市文化的深层理解。可以说，完全实现了"请城市放慢脚步，安静下来"的精神。

图2-17 光山色之间的沙滩浴场，是亲近东湖、畅快戏水的最佳去处

| 磨山道 |

磨山位于东湖东岸，三面环水、六峰相连、山水相依，素有十里长湖、八里磨山之称，磨山作为"东湖之心"，结合本次东湖绿道，打造出开放、升级的全新磨山形象，是本次规划设计的核心。

东湖绿道磨山道全长5.8km，主要设置于磨山山体区域，西起磨山北门，东至磨山东门，形成1个主题区域、2个特色段、1个驿站的整体规划结构。

在这里，绿道让位大树。

根据原规划，武汉东湖绿道将被打造成世界级绿道，具备举办国际环湖自行车赛的能力。按照世界级标准，东湖绿道的自行车道与步行道将分行，其中，步行道宽度不低于1.5m，自行车道宽度不低于6m。磨山道一段却是特例，这也是东湖绿道规划中改动最大的地方。为保护生态，设计团队以盘山道改造型为主，主要通过原有路面进行断面优化。磨山北侧绿道区为国际赛事段，在现有路面充裕段，设置自行车道6m，人行道双侧1.5~2m的绿道空间；腹地不足地段，则缩窄自行车道至4m，人行道2~3m，以达到总宽度不小于6m的绿道空间，赛事时可合并道路，以确保国际赛事顺利举办。磨山南侧的非国际赛事段，利用现有道路加以改造，形成4m自行车道与1~1.5m人行道的绿道空间；同时，通过林中栈道建设，形成山林中穿行的绿道体验。

同时，为实现"走进森林"的景观意向，设计团队结合蜿蜒曲折的磨山山道，通过调整植物分区和结构景观呼应的林相，增加总长0.5km的特色山林道，体味四季山林。此外，利用现有盘山路及土路，在磨山密林区域，组织林间径。通过局部架设木栈道、增加休憩点和景观平台等方式，提升现有林间道的舒适度。保留现状高品质路面，通过在道路外侧架设木质栈道，给游人穿行于原始森林之感，满足绿道宽度的同时提供多样林道体验；林道沿途增加小型休憩平台，满足不同人群使用需求；优化局部林相，丰富绿道两侧绿化景观。局部增设木质平台，提供多样的眺望机会。

设计团队围绕楚天台、朱碑亭等山顶重要眺望点，组织山道，实现登上山顶的建设目标。从入口打造、设施处理和增加特色体验空间3个方面进行设计。通过绿化造景减小大面积铺地，细分慢行空间；强化信息牌、铺地、护坡等景观设计，提供精致景观感受。结合坡地设置木趣园，提供多样趣味空间，改善现状功能单一的情况；通过多维木板道的设置，提供游憩漫步、休息停歇、攀爬娱乐、休闲观瞻等功能。通过更新路面为透水型材质，强化山道排水效果，优化现状路况和改善使用体验；在连续长台阶中段布置休憩平台，提供停休交流场所；通过种植野生花卉，优化步道两侧植被景观。

磨山道作为东湖绿道体系中最具特色和代表性的路段之一，为了使整个东湖绿道贯通，武汉市政府不惜将磨山景区全面开放，打开磨山北门和东门，并投资改造。

结合磨山景区开放，设计团队通过提升入口标识性、梳理交通换乘组织、增加服务配套功能，在磨山北门打造楚山"客厅"。在入口至磨山牌坊地段，打造中心服务区，实现湖中道、湖山道及磨山道三条主题道的游客配套服务。通过游客服务中心、休憩草坪、亲水平台台阶等设施承担各方向客流的中途休憩功能。在景观设计上，在入口区新设标志性入口雕塑（景观），与原景区大门实现时空交织、历史对话；在湖岸边，拆除停车场后通过布置亲水平台及栈道、观景台阶，将岸线完全开放，并结合内凹的绿道主线与北侧滨湖栈道，将人流引至岸线空

图2-18 森林中的磨山道

图2-19 设计团队以盘山道改造类型为主，实现"走进森林"的景观意向

间、集聚人气、释放活力；同时，结合现状设置步道游径、环树坐凳、多级观景台阶、亲水平台与栈桥、阳光草坪，营造私密、半私密和公共三种休憩空间；结合磨山北门景观改造，增加长达0.6km的荧光绿道体验，提升景区人气，塑造出可夜观的绿道景观。

在磨山牌坊至楚天台入口广场段，通过梳理整合现状楚风设施，承担人文游览服务功能，形成磨山服务区。通过功能梳理与流线强化，强化序列感，增加绿化层次，增设文化主题雕塑、仿古铺装、楚风灯饰、戏台等小品及构筑物，实现楚城、楚市、索道入口广场、楚天台入口广场等零碎空间的无缝对接，强化楚文化氛围。在植被配置上，结合磨山山水相映的主题意向，增加楚辞植物，进一步烘托楚文化设施和提升磨山景区的楚文化核心地位；增补耐阴中下层地被，点缀色叶植物，丰富植物层次；整合斑块、补充乡土植物，恢复自然植被群落特性。

在线路规划方面，形成"2+2"的电瓶车线路，规划梨园广场—磨山北门、一棵树—磨山北门2条往返线路，保证郭郑湖片景区点对点直达；规划东线与磨山2条循环线，分别保证郊野道与磨山道循环相接以及磨山景区内部的通行。最终形成开放可达、畅通无阻、服务完善的楚山"客厅"。

磨山道的设计以山、水、都、城为载体，将行走在山水间，体验多层次的空间变换作为设计目标，将"在千年交织的时空里体验历史与今天的对话"的设计理念贯穿绿道整体设计的始终。设计团队结合磨山原有景观资源和道路，尽量保留人们历史的记忆，以完善提升为特色，塑造高层次、高品质、高品位的景观空间，打造多样性绿道体验。品磨山景区，看名花飘香的绿色宝库。山上松桂茂密，山间小道环绕，花香鸟语，湖光山色尽收眼底。

图2-20 通过景观环境及楚韵楚风建筑精致化设计，营造"楚文化"主题绿道

| 郊野道 |

东湖绿道郊野道位于东湖东部地带，西起鹅咀，经湖光村、东湖生态园、落雁景区、清河桥，止于磨山景区东门，全长约10.7km，新建部分7.3km，是东湖最自然生态区域，也是最能体现东湖的"旷、野"特质区域，其中团湖为东湖水质最好内湖之一。

作为东湖绿道最具郊野特色和代表性地段之一，这里自然、生态、野趣。设计团队通过丰富的设计手法，最终形成6个主题区域、4个特色段、4个驿站的整体规划结构，带来"自然生态，野趣怡人"的景观意向。

郊野段绿道旨在突出"醉美乡野，田园绿道"，设计团队依托滨湖生态风景区之美，结合景中村的改造提升，打造运动休闲、旅游观光、生态农业等多功能的综合型绿色生态体系，塑造出高品质景观空间，打造最东湖多样性绿道体验，使游客骑行、步行于此道，心情时而平缓舒畅，时而感动兴奋，时而勾起儿时回忆，时而赞叹自然生命之美……

郊野道区域景源丰富，以自然生态特质为主，集聚了落雁景区、东湖生态园等多处优秀景观资源，之前由于交通等原因，游客较为稀少。为了不破坏原始生态，又不妨碍周边3个村村民的出行，规划设计人员选择了临湖又尽量避开民宅的区域先行探路。由于荒草丛生，7.3km的新建道路都是设计人员手持竹篙一点一点地探寻、开辟出来的。

虽有一个大致的线路图指引，但探路的过程并不能一次到位，常常会遇到各种障碍。探路之初，道路两侧多为田埂、鱼塘和杂草。遇到杂草时要用竹篙拨开，能够通行的就定下记号；不能通行的，如大片树林、池塘、墓地等，就要及时记下并重新调线后再接着探。全部探完，再反复走几遍，在确保观景和通行都不受影响的前提下，最终确定路线。

针对现状道路条件较好的地段，设计团队选用中间双向自行车道两侧分别设置步行道的模式，人、自行车并行。步行及自行车网络规划，则根据分段游览主题与游客构成，绿道起始至总观园段以自行车道为主，总观园至三环路段以人行道为主，三环路段至终点以自行车道为主。新建绿道遵循尺度宜人、生态郊野的设计理念，主要取道落雁景区周边沿湖的现有鱼塘、小径进行微工程建设。总长度约为8.2km，绿道断面宽度控制在8m以内，其中步行道控制在2m以内，自行车道控制在4m以内。同时，考虑新材料、新技术的运用，选用高黏度高弹性沥青铺设路面，不仅经久耐用，而且更具弹性，跑步、走路时脚感舒适，使这条绿道扎实并富有弹性。

景观设计依据美景天成的先天优势，保护原生态还原"野趣"，并结合郊野道香草芳林、荷蒲湿地、花田野趣、杉林鹭影的主题意向，强化自然生态的景观，突出荆楚植被的地域文化，恢复东湖的自然生境和生态系统，营造自然、生态、郊野的滨湖景观生态走廊。

在材料的选取上本着取之乡野用之乡野的原则，尽量保留场地中的断壁墙垣、烟囱土路、野草杂木、独木挑板、坑塘沟渠等设施，并增设夯土、碎石、耐候钢、废旧红砖、啤酒瓶、枯树皮等硬景材料，加上乌桕、水杉、落羽杉、木芙蓉、水蓼、菖蒲等乡土植物，形成独具乡韵土香的特色绿道。落雁驿站、新武东村驿站、生态园驿站、雁中咀驿站等，披上了竹子、木材、砖石等原生态的材质装饰，茅草屋的造型与自然融为一体。

此外，设计团队还在沿途设置了亲水场所、林中栈道等，营造出走进森林、漫步自然的生态环境。通过海绵花园、水土保持方案、生态恢复方案、生态廊道等策略的应用，从生态系统构建的角度提供解决场地水土流失、村庄空心化、村庄水污染等问题的综合解决方案。例如，设计团队利用郊野道李家大湾处绿道主线后退蓝线的现状鱼塘腹地，通过保留现状鱼塘肌理，清淤净化池塘水质，补种水生植被及野花野草，营造浅滩湿地；保留烟囱，形成场地独特地标；改造利用现有红砖房，打造香草湿地展廊；同时，结合周边村落民居进行改造，转换为酒吧、文艺交流中心、写生基地等具有一定休闲服务功能的景观建筑群落，为湿地游玩提供相应的服务设施。

郊野道两侧保留了20余个鱼塘，在鱼塘下方，暗管与大东湖连通，曾经富营养化的水体得到自然净化。郊野道中的生物"秘道"更是为了人与动物、与自然和谐共处代表，在生物通道附近种植一些动物们熟悉的草坪、水草、灌木丛、浆果等植物当作"隐蔽物"，它们闻到味道就会找到，慢慢让它们形成通行习惯。这些预留的生物通道为管状涵洞和箱形涵洞，管涵设低水路和步道，可以供野兔、松鼠等小型动物穿行。

同时，以"田园童梦""塘野蛙鸣"等为主题的野趣景观，让人回归童年嬉戏之乐。

在湖光村李家大湾区域，设计团队充分尊重农田菜地、水杉林、竹林的场地背景，呈现自然广阔的视野、返璞归真的感受；采用桃树、观赏野草、芋头以及果蔬类乡土植物，强化田野植被景观；设计稻秆亭、瓜棚停车架、沟渠等地物，增加田园趣味性；儿童动手园、木栈道、小径及观景平台提供近距离感受田野的机会。

在黄门咀区域，设计团队保留现状池塘、草地、苗圃林地、菜地等，补种水杉、柳树、枫杨、野菊等乡土植被；利用现状村道，在绿道与村道交叉口位置布局自行车停靠点及休憩座椅；通过枯树攀爬堆、野趣指示牌、砾

图2-21 这里自然、生态、野趣
| 设计团队　摄

石散铺步道、木栈道、观景平台，提供人触摸自然、感受自然的机会。

在郊野道原有的四个绿道驿站的基础上，设计团队选取场地现状条件较好、景观视野较佳的地点增设四个景观兴趣点，丰富本段绿道的游览节奏。

一级驿站落雁岛驿站，作为游客一级服务中心点，提供最完善的服务设施。设计团队结合落雁景区前绿道的建设，通过优化植物配置，植入爱情主题，打造长达1km繁花似锦的浪漫绿道体验，保留现状的香樟、水杉、垂柳、广玉兰等植物，以兰紫薇、野花组合（二月兰等）为主景树，以香樟、水杉为基调树，结合爱情主题增配玫瑰、芍药、苜蓿、绣球花等开花植物。

东门户之落霞驿站通过绿道串联整合落雁景区的优质旅游资源，并结合三环线、植物园通道、青王路等交通干道，在入口位置布局落雁驿站综合安排公交换乘、大型社会停车、一级驿站、观鸟赏景等多重功能，打造东部门户形象空间。

设计团队通过地标性的驿站建筑、榉树阵广场以及骑行者雕塑小品，强化入口空间；并结合经典的落霞鸟岛景观，在落雁驿站滨湖选取"看山、览湖、观鸟、赏岛"最佳视点，在不影响生境的情况下，通过半覆土凉亭、观景露台及木质步道的设计手段，形成融入自然的独特观景点，实现落霞归雁、对话自然的意向。东入口共设置1600个停车位，分别布局落雁南停车场520个停车位、京广高速铁路下方停车场1000个停车位及落雁北门现状停车场80个停车位。

另三个驿站，即雁中咀驿站、生态园驿站、新武东村驿站作游客二级服务中心点，完善服务设施，满足游客逗留休憩补给需要。重要景观兴趣点是游览节奏的高潮点，设置在郊野道的场地基础条件最好、视野最佳的位置，让游客在自然中陶醉，感叹岁月静好。同时，利用场地现有良好的景观资源，打造可供游客一般性逗留的景观游览空间，并提供一般需求的配套设施。

图2-22 郊野道旨在突出"醉美乡野，田园绿道"

例如，在新武东村近三环线处，利用高速铁路入城减速并行段现状特征，通过景观改造，形成百米高速铁路竞跑段，增加乐趣性。同时，增加路面的起点与终点标识、计速器等设施，并优化中下层植物配置提升景观环境。尽量减弱东侧高速铁路高架对场地的影响，还原该区域野生动植物生境、湿地景观等，辅以科普教育展示生态知识，感受野生自然之美。

在灯光设计上，设计团队以二十三孔桥、郊野道西段为趣味照明段，通过水下射灯、艺术饰灯等增加趣味性，并提出相应灯具选型意向；同时，为保证郊野道的自然郊野趣味，以低照明为主。

郊野道的设计通过不同的设计手法，将其不同特色的郊野之美展现为：外阔内幽、西旷东野之美，乡野田园、农田炊烟之美，尊重自然、野生生长之美，芦洲落雁、和谐自然之美，从而最终实现感自然之脉搏、享绿色之趣行。

| 湖林道 |

作为东湖绿道二期5条主题绿道之一，湖林道横跨磨山、喻家山景区，从磨山东门，经植物园、喻家山北路，至梅园茶厂—梅园东驿站—植物园路—桥梁村—团山路—喻家湖路段，全长约11.9km。有别于东湖绿道一期，二期湖林道是一种自由开放的出入形式，湖林道沿喻家湖路、喻家山北路和团山路平行建设，周边市民可自由进出，很是方便。

规划之初，设计团队走访发现，湖林道存在部分绿道与机动车并行段路幅不足的核心问题，主要包括植物园路及团山路两段，长度合计3.5km。最终，将植物园路调整为单行线，让出2.5m路幅给绿道，团山路让出3m宽机动车路幅给绿道。

长约2.8km的团山路背倚青山，面朝东湖，沿线景色宜人。作为湖林道其中的一段，为增加绿道的彩化效果，团山路形成了以观叶为特色的景观大道。乌桕是湖北的乡土树种，秋季叶色红艳，颇为美观，是团山路美景的"形象树"，但以乌桕为行道树的景观大道在武汉并不多见。团山路上的64棵乌桕均是从浙江湖州装车后在24小时之内栽种，如今，通过整枝、造型的乌桕精神抖擞地立在道路两旁，经过了几年的生长已十分茂盛。

湖林道设有团山驿站，矗立在团山驿站可以欣赏后湖全景以及毕家山风景，这里周末、节假日以钓鱼野营的人士居多，市民、游客纷纷在附近骑行、散步、野营。

湖林道途经3处景点——鹰嘴湾、辛夷花道、大李艺术村，1处小景点绣球园，5座桥即杉影桥、霞远桥、团山桥、凌波桥、逦行桥。设计团队以"东湾西茶、荷红茶香"为特色，增加绿道内涵和活动空间，沿线湖湾、茶园、荷塘、杉林，鸟鸣虫唱，四时景异。

鹰嘴湾面积约为6200m²，位于植物园南侧、团山驿站北侧，节点内设置三个木平台、一个景观廊架，种植鸢尾、虞美人等植物，配合原有苗圃形成一个自然生态的休憩空间。

辛夷是《诗经》中的植物，辛夷花道种植了木兰和黄金菊，营造出"朝饮木兰之坠露兮，夕餐秋菊之落英"的诗意景观。

图2-23 美不胜收的自然风貌｜设计团队 摄

图2-24 每一"帧"绿道都值得被收藏｜设计团队 摄

图2-25 湖光山色自得其乐，优哉游哉行于此，偷得浮生半日闲｜设计团队 摄

武汉植物园旁边，隐藏着一个自发形成的文创艺术村——大李村。大李村原本是一个非常普通的村落，由于其周边环境较好，空间相对独立，交通比较便利，多个出租的独栋房屋等得天独厚的条件得到越来越多的文创群体青睐。东湖绿道二期开放后，在入口与绿道连接处增设了指引牌，将游人引导至大李村。

湖林道苗圃区域种植了大量木本绣球及琼花，形成绣球专类园，引得许多游人特意前来欣赏绣球美景。

设计团队结合湖林道原有杉林形成地被开花植物景观，突出茶园，展现湖湾景观。植物园南侧18.9hm²的面积，打造了喻家湖水生态观景区；喻家湖西岸7.2hm²的面积，打造了滨水游憩景观区。

东湖绿道二期湖林道郊野地较多，因此力争保持原生态景观。另外，在生态建设上，注重驳岸建设和污水处理。在驳岸设计上，采用了毛石护坡、仿木桩、抛石等方法，不破坏生态。在污水处理方面，二期工程修建了多处截水沟，拦截污水，收集后统一排入新修的市政管道，不会污染湖水。

东湖绿道二期实现了汤菱湖、后湖等线路成环，利用喻家湖路、植物园路、鲁磨路等道路周边腹地，连接一期郊野道和磨山道，解决了一期线路不成环问题，有效促进了东湖绿心与周边城市功能区的融合发展。二期湖城道与一期湖中道的东湖海洋世界相连；湖泽道一头接一期湖中道九女墩，另一头与一期郊野道"田园童梦"节点相连；湖町道与一期郊野道"落霞归雁"节点相连；湖林道与一期湖山道梅园、樱园相连，还与磨山道无缝对接；森林道则将二期的湖町道与湖林道连起来。绿道将郭郑湖、汤菱湖、团湖、后湖等大东湖子湖环绕，犹如给它们戴上了碧玉项链。

行人的脚步，是对绿道品质的最精确丈量。

走在东湖绿道，你若感叹于畅通、便捷、宁静、安全，那得益于断面设计的高目标和人性化：路面平整、品质达标、足够便利、还路于人。

身在东湖绿道，你若留恋于与自然和水的亲密接触，那归功于驳岸设计注重保护原生之美、着力营造亲水空间，让人能更方便、安全地接触到水体。

游在东湖绿道，你若沉迷于独具特色的自然和人文景观，那是由于景观设计自成体系，线性景观、节点景观、区域景观都营造得恰到好处。

踏在东湖绿道，你若惊喜于脚下的趣味，那是因为东湖绿道的细节也被认真对待，铺装、井盖、树穴：处处体现匠心。

穿行东湖绿道，你若感慨于设计深谙你心，想去哪里，前方就有清晰引领，那得感谢标识系统充分考虑游客需求，创意性协调了周边环境，妥当安置并与城市深度连接。

东湖绿道是一项实践练就的艺术品，从规划设计阶段就立足于人的预期，关注多元诉求，并通过规划、审批、施工全过程一体化，保证精准落地。

布局宏大，落地周到，东湖绿道真正成为武汉最具人气的舒适区，行在其间，乐在其中。

东湖绿道运营管理公司　提供

第一节

路线之质

东湖绿道，并不是简简单单的一条绿色的道路。

被它环绕的东湖风景名胜区，湖面广阔，地貌丰富。湖岸有山丘，峰峦起伏，深入湖中半岛的磨山，就是其中最负盛名的一座。群山倒映在湖水中，随波光荡漾，美不胜收。

它有一系列人文景观，沿东湖绿道，点缀着一个又一个传说典故，一处又一处古韵楚风。

湖岸有平原，宽广而平坦，与城市的街区建筑紧密结合，构成它极为通达的交通环境。

东湖绿道，就在湖和山丘之间蜿蜒，与城市和山野彼此交错、彼此衬托。

如果有时间把东湖绿道完整地走一遍，听涛、磨山、落雁、吹笛、白马等风貌不同的区域会给你交织出一幅独特的图景，临湖可赏波光，登山可看苍翠，上岛可享宁静，入市可坐拥繁华。

绿道，一边与完整通达的城市交通体交驳，另一边，则借助道路设计，巧妙地促成人车互不打扰、共享美好空间的状态。

东湖绿道的道路断面设计，以"畅通、便捷、宁静、安全"为核心原则。这也是每一个进入绿道的人共同追求的。无论他会以什么样的方式来到这里，他都希望能让身心获得宁静、舒适与平和。

＞ 以"世界级"为起点 ＜

世界级，这是东湖绿道在设计层面的基本标杆。不仅包含了得天独厚的自然与人文条件，人、车对道路的充分享有，不仅能让城市与大自然通达交融，它还要有可以承载大规模活动的能力。例如，环湖自行车赛、武汉马拉松赛等国际性赛事，对道路来说，"上得厅堂下得厨房"，可休闲玩乐，也可高端精专。

绿道从休闲道路上升到赛道标准，它不仅仅需要路面平整、品质达标，还需要在设计上足够便利，也可容纳足够多的观众，如此，才能扛得起赛事筹备及操作的压力。

全球绿道，各有千秋。在充分了解并吸纳多方经验的基础上，东湖绿道的标准渐渐清晰。例如，按环湖自行车赛的赛道标准，路宽不少于6m，而且路面要平整、干净，折返路段必须有隔离带。按世界级绿道的标准，一般自行车道宽度不少于4m，人行道宽度不少于2m。

综合上述标准，东湖绿道的设计路宽确定为：自行车道的宽度不低于6m，人行道宽度不少于2m。此前国内的城市绿道对路宽尚无硬性要求，一般自行车道宽度为3~6m，人行道宽度为2~4m。

东湖绿道，改变了这一点。

图3-1 绿道骑行，成为一种享受｜俞诗恒 摄

〉 不同类的路，不同的操作 〈

　　东湖绿道，有些路需要完全新建，有些路需要将原有路提档升级。因地制宜，给不同的路段带来不同的气质。

　　完全新建的道路，主要集中在郊野道。

　　郊野道，顾名思义，以自然风貌见长。因此，这部分道路拥有天然的植被生长，品类丰富，少有过度的人工修饰的痕迹，更符合现代人对自然纯真的理解与需要。郊野道的设计，尺度宜人成为最重要的一环。游人行走其间，花草近在咫尺，飞鸟鸣虫皆可寻觅。郊野道主要分布在落雁景区周边，在现有的沿湖鱼塘、小径基础进行微工程建设，这段绿道充分体现了落雁景区的野趣与蓬勃。人行郊野，即在风景里。

　　东湖绿道中，在现有道路基础上进行改造的道路占有相当的比重。原环湖大道、原东湖东路等机动车道，或者磨山、落雁景区内原本的内部通路，先禁行机动车，再改造为绿道。

　　这一类绿道的道路，主要是改变人们旧有的习惯，将路权还给行人。这类绿道路面平坦，视野开阔，自行车道和人行道划分清晰，安全设施充分。无论是散步健身，还是举家游玩，或骑行训练，都有各自充分的空间保障，游人在这里放心、舒适、安全。

　　这部分原机动车道通常比较窄，在改造后重新划分了路权，在沿湖一侧增设3.5m宽的栈道，保证了自行车和行人的安全使用。此外，通过修建沿湖亲水步道，形成依山傍水的驳岸景观效果。

图3-2　蜻蜓的绿道｜东湖绿道
运营管理公司　提供

谋篇——东湖绿道规划与实践

> 路权的重新配置 <

东湖绿道将沿东湖的整片区域构建了全新的路权模式。

绿道禁行机动车，原有的机动车道被改造成为6m宽的自行车道；沿湖边的水杉，再划分出1m宽的绿化隔离带，继续将两侧原有的1~1.5m宽的人行道扩宽为2m。最终形成双侧2~3m宽的人行道、中间6m宽的自行车道的道路格局。例如，鹅咀到梅园的路段，是对城市机动车道改造而成的。原有的机动车道现在成了自行车道，临水一侧的人行道进行了路面改造，还增加了游赏设施，人们可以在这里舒适地漫步、休闲。

绿道在建设中保留了原有的行道树，这些树木在道路改造后提升为路权划分的分界线。正中间是供骑行者"驰骋"的高标准自行车道，常有竞速爱好者在这条道路的中心飞驰。沿湖部分，通常是普通人行道或2m宽的亲水步道，漫步者可以在这里安然移步，边走边观赏眼前的湖与山。

道路清晰划分，也让园林获得改造升级的大好良机，在东湖绿道的沿途，不同路段上有着丰富的植物品类。杜鹃花道、迎春花道，人行道边的茶花、月季，还有浪漫的月见草。尤其是湖中段等区域，原来的硬质护坡被改造为软质护坡，种植灌木花草，丰富了行人的体验感，也让动植物的生存空间变得更加友好，满足水土相互涵养的需求。

此外，从前各景区之间的围墙被全面打开，放眼望去，辽阔的湖水，优雅的水杉，鲜艳的花朵，与白鹭、喜鹊、野鸭共同构成自由自在的优美画卷。

图3-3 空中俯瞰绿道，道路质感一流 | 东湖绿道运营管理公司 提供

〉 廊桥栈道，创意飞扬 〈

　　绿道中总还是有一部分原有道路，路幅比较窄，无法满足绿道"世界级"的标准。设计师们巧妙构思，通过栈道、廊桥的补充，让这部分道路的品质有了飞跃一般的提升。

　　在一部分路段，原先的机动车路面被改造为自行车和游览的电瓶车道。然后，以原有路面为基础，在道路外侧架设起1.5m宽的木质架空廊道，不仅满足了路宽的要求，还构成了多样的道路肌理。例如，听涛路段一侧连接着陆地，一侧紧临着湖水。在临湖一侧搭建的亲水骑车道，拓展了路面，车轮在木板上摩擦前行，湖风吹拂，骑车也有了飞翔的感觉。

图3-4 亲水平台、绿化绿和自行车道，充分给予人们各种选择
｜俞诗恒　摄

喻家山段两面临水，在绿道两边分别搭建了木栈道亲水平台和临水自行车道。游玩的人无论采用何种方式，都能够与水获得近距离互动，可以全身心地投入到湖山好风光之中。二期的森林道内，绿道和机动车道分离式共存，中间用绿化带分隔。其中，5.5km的人行道使用了彩色沥青。彩色的路面更具有视觉冲击力，也具有更好的弹性和柔韧性，对老人和孩子来说，在这里漫步、玩耍舒适又安全。除了栈道或彩色路面，还有多种架空平台、跨越式廊桥、休憩平台……这些设计让道路在树与田野、湿地与池塘之中穿梭来去，巧妙地打破视觉上的单一感，构成妙趣横生的路线和景观。

这些精巧的设计风格鲜明，各不雷同。游人行至此处，往往眼前一亮。孩子们开始攀爬悬空桥，在树林间嬉戏穿行，游人也可以停下来，慢下来，仰看、俯瞰、近观、远眺，每一种不同的视角都可以让这一次的绿道之行获得更丰富、更深层的体验。

〉 **不同交通的交融** 〈

东湖绿道的道路还包括路与路之间的连接，迂回路段的规划，不同的设计引导着游人，给予人们更多样的选择，拥有更多自由度，去获得更合理的路线，拥有更好的感受。

在节点性路段道路交会，往往会有大量的人流与自行车，在这些地方，通常会有开阔的路面、休闲设施，也会有过街连廊来合理分流不同的人群。例如，白马道与欢乐谷的交会处，就借山地的坡度引导一条路线上桥，另一条道路则在桥下穿行，就算第一次来到这里，人们也很容易拥有清晰的方向。

花园桥的设计则在分流自行车、人之余，营造花园式的互动体验，既便捷，又细腻，充满美感与动感。

东湖绿道中，有不同类型、不同宽度的栈道。它们可以给人丰富的道路观感，调剂人的视觉，也能恰如其分地在空间上满足功能需求。

滨湖和山林是最主要的两种栈道类型。滨水栈道的出现频率相对更高，也承载着更大的人流量。而它的钢结构框架与防腐木板共同构筑了稳定、简约的风格，护栏也采用通透的钢结构，保障安全也不阻挡视线。有一部分栏杆还形似"水浪"，起伏波动，如层层波浪，让人不由得会心一笑，备感亲切。在自然湿地等比较浅的水域，栈道路段取消护栏，以矮收边代替，这充满友好度的改变，让人步行其上时与扑面而来的大自然拥抱个满怀。

山林栈道主要集中在环山的绿道，如磨山，它们沿山架设，带领人们在树林中穿行。栈道还是采用钢结构为框架，良好地满足了结构随山势调整的便利，也满足了经久耐用的考量。更重要的是，部分架空可达2.5m，给人悬在半空中的错觉。与山林的全方位交互零死角，极度充沛。

喜欢山野的人，会迷恋这些栈道带给他们的全新体验。从前沿盘山小道攀登磨山的人，如今有了在树木之间穿越的快乐；从前只能远观的木树，从树皮纹理到阴阳两面的微小色差，可以一样不落地收入眼底。

这样的体验与湖山道、湖中道、郊野道所提供的完全不同，或者说，这些不同的道路与设计，让东湖绿道具有了某种程度的复杂性，也因为这种复杂性，你无法一眼看穿它，越发觉得它无比迷人。

这条迷人的东湖绿道，串起了武昌的城市与自然。在郊野道采果蔬听蛙鸣，在湖中道看十里长堤和池杉，在磨山道观树屋赏巨松，在湖山道全景广场休闲和玩耍……这条绿道，提供给整座城市一种全新的节奏与视角，让人和自然更紧密、更和谐。

图3-5 节点性路段方便人
车分流 | 设计团队　摄

图3-7 滨水栈道总能成为
行人的最爱 | 设计团队　摄

图3-6 湖中道拥有360°的辽
阔视野 | 设计团队　摄

图3-8 植物景观与道路互相
交融 | 设计团队　摄

第三章　行

第二节

亲水之宜

"水本无形，因岸成之"，东湖是武汉湖泊最响亮的名片，驳岸则构成了东湖的轮廓。

著名建筑设计师Christopher Alexander曾说："如果边界不复存在，那么空间就决不会富有生气。"驳岸设计的重要性可见一斑，也成为衡量东湖绿道景观品质的核心元素。

合理的东湖驳岸规划可以收获更加融洽的人、水关系，以此带动城市景观格局的优化，并且给城市生态环境的改善带来契机。

〉绿道之前，驳岸问题重重〈

在东湖绿道规划建设之前，东湖的驳岸并未以亲水为首要诉求。当时，基于安全性和东湖水体防渗漏等考虑，采用了不少钢筋混凝土材质的硬质立式或阶式驳岸，东湖沿岸以浆砌块石挡土墙、浆砌块石护坡驳岸为主，仅沿九女墩、东湖渔场分布少量自然缓坡驳岸。硬质驳岸虽然坚固，却在某种程度上隔绝了人和水，驳岸形式单一、呆板冷硬，缺乏变化和趣味性，不仅在自然中显得突兀，也让人不想亲近。

可想而知，绿道建设之前，东湖并不那么"友好"，东湖驳岸的生态状况也不尽如人意。东湖水的严重污染使许多水生、护岸植物难以存活，水体自净能力低，水域生态系统失衡，从而剥夺了东湖区域内动植物赖以生存的空间。

这样的东湖，有名气却无人气。如果以人为本，想吸引游客前来，那么东湖驳岸的设计将会是另一番考量。

为了彻底扭转东湖原有驳岸的问题，东湖绿道一期、二期规划阶段就已针对驳岸建设制定几项原则，让规划设计在理念的指引下有方向开展。

〉保护原生之美，满足亲水需求〈

东湖绿道的驳岸设计不应只满足于形式新颖美观，而要注重发挥功能。从人的角度出发，功能性无疑是东湖绿道驳岸设计时最重要、最基本的原则：观赏美景、休闲娱乐是东湖绿道驳岸的基本功能，护岸植物还应当能改善东湖周边气候和周边区域生态循环。

力求通过对东湖绿道驳岸功能设施合理规划，使驳岸空间真正成为人水互动、环境极佳的亲水平台，为武汉市民提供优良的生态空间。

功能之外，驳岸设计尽可能保护自然原生态驳岸形式，城市需要生态型驳岸。随着武汉经济跨越式发展和城区面积不断扩大，东湖生态问题越来越严峻，大气污染和水污染治理成本越来越高。位于水陆交界处的东湖驳岸，有着不可替代的地形、地貌，被破坏后难以恢复原状。特别是湖边生长的护岸植物，若得到保护，可以成为城市景观和生态良药。所以，要想保护驳岸的生态

图3-9　驳岸设计是衡量东湖绿道景观品质的核心元素 | 俞诗恒　摄

图3-10 作为一种线性的景观空间，人们既可以进行游览，也可以驻足观赏 | 俞诗恒 摄

图3-11 通过亲水驳岸的修建，给市民提供亲近自然的契机 | 俞诗恒 摄

图3-12 为配合东湖绿道的高定位，驳岸也需自成一景 | 俞诗恒 摄

多样性，就要保护东湖的原生态驳岸，因地制宜开发水陆空间。

水是东湖绿道的绝对主角，市民们想欣赏水、想靠近水、想在水旁嬉戏甚至想傍水而居。亲水性是东湖驳岸设计不可忽视的重要原则。

"亲水"不仅指人与水物质上的接触，更是心灵上的贴近。通过亲水驳岸的修建，可以使湖岸线变得有趣，让人想与水亲近，给市民提供亲近自然的契机。

为配合东湖绿道高定位，驳岸也需自成一景，无论自然原生或是人为改造，观赏性都是驳岸设计的重点考虑因素。东湖绿道驳岸设计十分注重景观性呈现：作为一种线性的、开放共享的景观空间，人们既可以进行游览，也可以驻足观赏，从不同的角度发现和探索东湖绿道的美。

水体和驳岸相辅相成，东湖绿道驳岸景观设计有多美，东湖就可以有多美。如何保护内湖自然景观，维持生态多样性，架构城市生态走廊，实现生态保护，成为东湖绿道驳岸设计的重要内容。

〉 因地制宜衔接岸与水 〈

东湖绿道沿线驳岸全长54km。东湖相比于长江而言，属于相对静态的水体，东湖水位线多是随着季节的变换而自然地变化，全年的水位高差不大。同时，东湖驳岸的地质特征也相对稳定。特殊的地理位置、地形地貌和功能属性决定了东湖驳岸有着更强的塑造性。

按照城市所需，秉承以人为本，东湖绿道结合了不同地段景观效果、防湖水冲刷等多方面因素，根据各区域地理结构，综合搭配多种驳岸形式，因地制宜对驳岸进行了不同类型改造。

东湖绿道对约34km的泊岸进行了生态化改造，将原有的垂直泊岸修整成为生态缓坡驳岸，滨水区域种植了大量水生植物美化湖泊岸线。

原生草坡入水驳岸的形式使东湖驳岸具有可渗透性，各种功能、形态的护岸植物复合种植，更好地过滤地表径流，从而有效地控制污染物对东湖的侵袭。同时，东湖绝大部分原生草坡入水驳岸生物丰富，光合作用、蒸腾作用还可以帮助植物涵养水源，从而使东湖形成相对完整的生态系统，让东湖驳岸生态环境得以自我净化。

对于沿东湖边部分坡缓、水流冲刷程度较小的自然生长类驳岸，以弥补和保持为主，多选择这种驳岸形式，靠近道路水域种植许多涵养能力强的水生植物，保证生态廊道通畅，保持自然原生状态，尽量避免人为干预，维持其原生态的状态。

郊野道落霞归雁到花木城这一段，地理位置相对偏远，自然生态保持完好，原生驳岸是不二选择。这种原生草坡入水驳岸几乎不添加人工处理，直接使湖岸边的土壤和植物通过植物生长后的根系加以稳固。对于原来驳岸生态情况较差或者较为杂乱的，设计团队仍会进行提升优化。

东湖选择的原生草坡入水驳岸，是自20世纪90年代起，各国推崇恢复生态河流的理念而发展起来的驳岸形式。这类驳岸仿造大自然形态，临水边采用缓坡、山石、草皮、树林及灌木等环境元素来固化岸线，岸线呈自由形态。

原生草坡入水驳岸更注重的是自然景观的环境功能，人的停留、娱乐诉求考虑次之。这样对大自然环境的尊重和充分展现，在东湖绿道应用广泛，为城市打造良好的滨水生态环境景观。

原生草坡入水驳岸是一种最生态、最具自然美的选择，但东湖绿道作为城市滨水区，还是需要更好地满足人们亲水娱乐活动的需求，亲水空间驳岸必不可少。

亲水空间驳岸在原生草坡入水驳岸的基础上，通过园林手法，增设步道、小平台、亭子及回廊等形成游憩空间，以满足游人的活动需求。亲水空间驳岸在呈现驳岸美景的同时，给了人们亲水和游憩的平台，让人与自然的结合成为可能，让游人在东湖绿道中能真正体验休闲、自如地生活。

如果只有美景，驳岸的利用效率并不高，必须与游憩空间相结合，满足人的生活服务需求，才能让东湖的价值最大化。毕竟，东湖绿道驳岸设计的最终目的是改善民生，使东湖驳岸的景观和各构成要素之间协调发展。

图3-13 原生草坡入水驳岸保证生态、注重自然美，也给亲水空间提供更好的体验感 | 东湖绿道运营管理公司 提供

部分驳岸的配套服务设施功能得到强化。驳岸配套设施建设以满足人的生态、文化、健身和游乐等生活服务需求为目标，在满足功能性服务的条件下追求美观，避免建设一些以造型、配景为单一目的的设施。

东湖地处武汉主城区，受城市的影响很大，绝对的原生态几乎不存在，取而代之的是大量的人工雕琢。而关于如何做好人工设计，东湖走过弯路。

在东湖绿道之前，东湖滨水驳岸以部分硬质水岸线为主，亲水空间被大面积植草砖停车场占据，且滨水植被景观性较差，缺乏有效引导的公共亲水活动空间。

东湖绿道的亲水空间驳岸则不像过去野蛮粗放，而是采用木栈道、自然驳岸、挑台等多种方式，塑造出高可瞰水、近可亲水、满可戏水、亏可赏水的趣味空间，让人能更方便、安全地接触到水体。

具体来说，主要通过以下措施：①通过玻璃纤维混凝土模拟木材栈道和平台，减小维护成本，增加亲水的可能性；②提高近岸湿地景观塑造，改善水湾区域水体环境，同时增加驳岸景观丰富性和趣味性；③设置楚文化符号的路灯、指示牌、座椅等设施，提升景观文化品位。

比起人工建设，东湖绿道的亲水空间驳岸又显得相对自然，通过采用硬质与软质景观的相互渗透和分层处理模式，既满足了东湖驳岸观景、亲水和防洪等需求，又在此基础上实现了东湖的生态循环。

城镇化的拥挤与喧闹让都市人更向往大自然，东湖的亲水空间驳岸给了市民与自然接近的机会。建成后的东湖绿道驳岸承载着人亲水休闲的功能，使人能远离尘嚣，实现亲近自然的愿望。

建成后，东湖的亲水空间驳岸成了人气场所，满足了不同年龄阶段人群的亲水需求。这里因人而存在，为人所服务，根据人的生活习性及心理诉求，成为最符合当前武汉居民休闲活动的人性化亲水空间。

虽然亲水空间驳岸对市民而言是最理想的选择，但对空间的需求比较大，要求坡度平缓，并不适合东湖绿道的每一处。

按照东湖水文条件，东湖平均水深3m，最深5m，常水位19.59～20.07m，规划控制水位19.15～19.65m，湖水多年平均温度为18.4℃，表流流速较小，为5～10cm/s，最大流速17cm/s，湖流方向不定，不同方向的湖流最终都流向主湖郭郑湖。

在流速变化及风浪较大亲水段，要着重考虑湖水的冲蚀影响。

传统的硬质驳岸虽给人以稳定、安全的心理感受，但是缺乏自然斜式驳岸的舒缓平和之感，给人一种单调、禁锢的感觉，水土也难以相互涵养。

东湖绿道的防冲刷驳岸采取刚柔结合方式，利用植草空心砌块、生态混凝土（球、块、砖）、石笼基床等作为护面材料，错缝砌筑，形成斜坡或阶梯状，利用结构体抵抗水流或船行波对岸坡的冲刷，利用结构体本身及空心筒内的土壤为生物提供友好的生存空间，并满足水土相互涵养的需求。

东湖绿道建设前，沿线有垂直硬质驳岸11km，多处出现空洞、开裂、断裂、勾缝不密实、胀裂、塌陷、腐蚀、压顶破损、长树、杂草丛生等缺陷。对此，规划团队分类制定解决措施。例如，对驳岸墙出现不均匀沉降、墙体出现裂缝问题，视现场挡土墙沉降情况，将影响沉降的块石拆除重砌，需要时全部拆除重砌；对于较小的裂缝，则采用墙体注浆办法解决。

对于驳岸墙生长植物的现象，没有选择直接清除，而是视现场具体情况决定是否清除驳岸墙上生长的植物，若植物不影响驳岸墙的安全，且具有一定的景观效果，可以保留，这切实体现了对环境的重视、对生命的尊重。

在东湖绿道少数地方也使用桩基驳岸，以增强驳岸的稳定性和抗洪功能，防止驳岸滑移或倒塌，加强土基的承载力。东湖绿道根据现状不同的边坡驳岸形式采用两种桩基形式，对于现状为直立的驳岸墙，采用独柱桩基结构；现状为边坡驳岸的，采用双柱桩基结构。

随着社会的发展，滨水空间的驳岸景观建设越来越受到重视，驳岸也成为东湖绿道重要的构成元素，这里自然生态因素密集、变化丰富，是城市居民在东湖开展亲水游憩活动的重要界面，满足了游人对自然的向往，提升人们的幸福感。

图3-14 东湖绿道的亲水空间驳岸使人能远离尘嚣，实现亲近自然的愿望 | 设计团队 摄

图3-15 通过分层处理模式，满足观景、亲水、防洪等需求 | 俞诗恒　摄

图3-16 东湖绿道满足人们的多种需求，除了在绿道上骑行，还可以亲近水边，与湖光三色融为一体 | 俞诗恒 摄

第三节

景观之美

没有刻意雕琢的粉饰，也没有故作姿态的妖娆。

却有那浪涛拍岸的轻声，若金曲润耳；画眉鸟儿的翠鸣，似笛声悠扬。

"少些人工雕琢，多些自然野趣。"时任湖北省委常委、武汉市委书记阮成发，在调研环东湖绿道建设情况时这样表示。

绿道应该是被轻轻放到风景区的自然地貌中，这无疑是对景观生态学的简洁阐释。景观生态学（landscape ecology）这一概念，于1938年由德国地理植物学家特罗尔首先提出。它是研究在一个相当大的区域内，由许多不同生态系统所组成的整体（即景观）的空间结构、相互作用、协调功能及动态变化的一门生态学新分支。

按照景观生态学理论，景观并不是以单体形式存在的，而是复合形式，有着特有的结构和相应的功能。

景观结构是由"斑块—廊道—基质"模式构成的，基质决定了景观的整体定位和功能，斑块决定了景观的特色功能，廊道则是能更好地体现景观功能的存在。

从这个意义上理解，东湖绿道不是单纯的线状绿地，也不是简单的走廊，而是经过有效连通形成的多层次的生态廊道。绿道促成了整个城市内的庞大生态网络系统，不仅能维护稳定的生态环境，保护城市内的原生态景观，更给城市带来自然气息。它既能充分地展现东湖水域辽阔壮美的自然资源，又能提供必要的休息停留节点，来供游人放松休憩、领略风光。

为了让东湖绿道形成多层次的景观视野，在规划设计中，运用多种造景手法，塑造近、中、远多层次景观感受。同时，结合东湖西、南、东岸特征，定义西岸为城市型天际线、南岸为城市与自然过渡型天际线、东岸为自然山水型天际线，西岸引导高层簇群，南岸加强山城交汇区域建设导控，东岸控制背景建筑高度，提升环东湖滨水界面景观品质。

景观规划设计的工作本质，与摄影艺术有着异曲同工之妙。构图、角度、取景，哪怕很细小微妙的变化也会得到大不相同的照片。如今，东湖绿道呈现出的一张张精美"照片"，恰如其分地记录了绿道景观的阔达格局和精致体系。

〉 景观格局：湖、山、城 〈

如水的映影，如风的轻歌。

徜徉花丛里，流连群芳中。湖中的半岛上水鸟翻飞，翱翔天际。身旁的柳丝儿轻抚碧水，飘落的树叶随风游走。

湖岸曲折，港汊交错，青山环绕，岛渚星罗……东湖生态旅游风景区面积88km²，环湖34座山峰绵延起伏，整体上形成了湖、山、城的景观格局。东湖绿道宛如一条翠绿丝带，将湖、山、城进行了有机的连接与融合，深厚的文化底蕴与令人沉醉的美景相得益彰。

图3-17 绿道仿佛是被轻轻放到风景区的自然地貌中 | 俞诗恒 摄

游人行走于绿道之间，或许漫不经心，殊不知这里一草一木、花池道路都是景观设计的结果。景观设计的灵感，究其根本，那就是大众对美好事物的感受是一致的。春赏百花、夏沐凉风、秋观落叶、冬浴暖阳，每个季节有不同的美，而高级的美感往往是需要设计的。正如路线的引导、植物的搭配、小品的组合、观景台的设置……看似不着痕迹，设计思路却无处不在。

在保护东湖原生态景观的专题研究上，东湖绿道的规划一直遵循科学发展观，钻研并编制生态相关专题，包括保护山体资源、原有植被保护与群落修复、植物规划，选用本土苗木、留出生物通道等若干细节专题。

在风景园林设计方面，摒弃过去大多植物景观设计都为单一简单的草坪、灌丛的做法。绿廊景观设计具有草本层、灌木层和乔木层的错层次植物结构，不同的植被要占据不同的生态位，增加植物多样性，多选择不同的乔木树形，确保绿廊的统一性和连续性，形成起伏变化、高低错落的绿廊天际线。同时，还营造了空间、层次和色彩丰富的植物景观，提高了观赏特性，为游人提供了如此富有生命力、清新、宁静的自然环境。

按照景观设计的地域化原则，在具体建设材料的选取上，为了追求景观的绿道更是最大限度地追求自然素材。依照"取之乡野、用之乡野"的思想，尽量保留场地中的断壁墙垣、烟囱土路、野草杂木、独木挑板、坑塘沟渠等设施，并增设夯土、碎石、考登钢、废旧红砖、啤酒瓶、枯树皮等硬景材料，加上乌桕、水杉、落羽杉、木芙蓉、水蓼、菖蒲等乡土植物，形成独具乡韵土香的特色绿道。

东湖绿道范围内共生存着包括鱼类、两栖类、爬行类、鸟类在内的上百种野生脊椎动物，东湖湿地更是冬候鸟由北方迁至南方的重要栖息地。

为保证生态廊道的畅通，绿道沿线多设置生态驳岸，沿湖水岸栽植固坡涵养能力强的灌木或藤本植物，从驳岸边依次配置常绿、落叶混交林和针阔叶混交林，形成复层多种植物混交的林带结构。

图3-18 自然风貌与人文空间的有机结合（一）| 俞诗恒 摄

在雁聚佛脚景区的十里花道，两旁布置的丛生香樟、朴树、三角枫是遮阴大树，垂丝海棠、紫薇、玉兰、樱花树则为应季开花树种，道边片植狼尾草、葱兰、紫花地丁、白三叶则为应景草本科目。曾经的荒芜之地，如今一派盎然生机。

此外，充分利用原有的自然生态条件，如溪流河岸、线性绿地的基础上，东湖绿道更是焕发出了全新的生命力。

由万国风情、梯田花海、四季牧歌、在水一方等景点组成的"滨湖湿地"，将湖汊、梯田、原野中散落的旧时异域风情建筑与山水结合，形成独特景观；梯田花海，赏东湖春景，油菜金黄烂漫，海棠粉嫩娇艳；湖滨水岸烟波浩渺，交织成自然氤氲的湖滨美景。

而在华侨城原东湖渔场一带，历史上已形成众多大小不一的湿地景观。绿道景观设计中，通过对耐阴野花、湿地绿化、水生植物的配置，将此处打造成生物多样性的"种子库"。另设置游船码头，为游客提供泛舟湿地丛林的景观体验。为方便游客亲水，沿线还将打造趣味栈道，公众可近距离与东湖水接触。

景观设计的原则还包括生物多样性原则，具体是指生物遗传基因的多样性、生物物种的多样性及生态系统的多样性。在曲港听荷景区，就保留了鱼塘的田埂肌理，将大小不一的水面打造成荷花、睡莲、千屈菜、菖蒲等不同主题的水生植物区，形成一塘一景的湿地景观，时光亭中更可远眺城市天际线，可谓再现了苏东坡笔下"曲港跳鱼，圆荷泻露，寂寞无人见"之境。

亲近自然，享受纯粹，是每一个都市人对理想城市的憧憬。绿道作为战略性可持续发展规划，这一课题已经备受关注。风景园林师赫恩（Ahern）曾指出："绿道是一个战略性规划，因为现行网络有助于形成可持续发展的框架"。

这意味着，绿色结构已成为城市可持续发展的重要因素。它可以用以保护自然与半自然环境，提高城市内空气质量，改善居民对郊野的步行可达性和游憩使用性，保护郊野自然文化特色，以防止无序的城市扩张。

东湖绿道磨山道所在的磨山景区是东湖风景区的核心景区，总规模12km^2。景区三面环水，六峰逶迤，四季花香，是一座文化深厚、名花飘香的绿色宝库。

磨山景区分为山北楚文化游览区和山南特色花卉园林区，青山秀水，荆风楚韵，四季花城为其主要特色。磨山在沿湖群山中最为秀丽，蜿蜒约8里。民间早有"十里长湖，八里磨山"之说。山上松桂茂密，绿树成荫，山间小道环绕，花香鸟语，山下湖港州渚，舟楫往来，疑海碧波，湖光山色尽收眼底。

人与自然的对话，始终弥足珍贵。在郊野道，为保护一片樟树林，设计方甘愿让道路绕行。而湖山道在不破坏现有树木和环境的情况下，还利用空地移栽乌桕树、枫树等，突出其地域特色。可持续性是景观设计的根本考量。为此，东湖绿道严苛控制人为活动的干扰，给生物一个稳定的景观环境。

景观生态学中景观廊道的连通功能，就是为了保障景观内的物种流动、物种迁徙等活动的进行，一旦景观廊道遭到人为破坏，就会限制甚至阻断敏感物种的流动和迁徙，从而威胁到物种的生存及物种整体数量。

东湖绿道范围内共生存着包括鱼类、两栖类、爬行类、鸟类在内的上百种野生脊椎动物。绿道规划出13条向港汊湿地延伸和周边山林里辐射的动物通道。有在洼地为水生动物预留的，在沼泽地为飞禽鸟类预留的，在山坡上为陆生动物预留的，如为小野兔、小松鼠等小型动物设计了可以穿行的管状涵洞和箱形涵洞，便于小动物通行。飞禽走兽均可在岛渚和没入水中的丛林里筑巢繁衍，原始生态得到了最周全、最隐秘的保护。

在绿道的山地型园林景观方面，以樟树、银杏、栾树等乡土树种为主，配置常绿、落叶混交林和针阔叶混交林，下层以林荫地被为主，兼顾生态与景观作用。此外，万紫千红、百花齐放的梦幻花径也是绿道的一道怡人景观。

在马鞍山森林公园东门附近，一处由150多种不同时令的花卉打造出的花径，已成为赏花爱好者的"打卡"胜地。虽然70%的花卉都是本地植被，但园艺师根据这些花不同的特性和色彩，进行合理搭配，让游客在不同节令能欣赏到不同的花景。5～10月是花径花开品种最多的6个月，百子莲、金叶石菖蒲、松红梅、映山红、绣球花等次第开放，争奇斗艳。森林道上蓝色的矢车菊、长得像迎春花的云南黄馨、星星点点的红花酢浆草等，也在绿道两旁迎风招摇。

城市的文脉是城市长期发展过程中不断积累沉淀，自然地理风貌和历史文化要素互相作用的结果。

东湖绿道作为构筑武汉历史文化氛围的媒介和展示城市文脉的窗口，起到保护城市历史景观地带、构造城市景观特色、营建纪念性场所、体现城市文化氛围以及提高城市文明程度的作用。同时，人性化是东湖绿道重要的景观属性。绿道经过城市湖泊水系、山地、公园、广场等，给人不同的体验感受，形成了让人惊喜不断的绿道景观。

在园林规划的城镇型设计上，绿道以樟树、银杏等大乔木形成背景，以石榴、樱花等中小乔木形成中景，以红叶石楠、红花继木等花叶灌木构成前景，乔灌木采用常绿落叶、针阔叶混交方式，整体形成一定景观序列。

城市景观永远不会是静态的陈列。东湖绿道的建成，带来沿线丰富多彩的社会活动。近年来，社会团体频频在东湖绿道组织精彩体育赛事，竞走、跑步、健身等项目时有开展。大自然恩赐的自然美景，加上设计师的智慧雕琢，东湖绿道让人们身在其中，陶醉其中。

图3-19 自然风貌与人文空间的有机结合（二）｜东湖绿道运营管理公司 提供

除了体育休闲活动，江城的人文景观也在东湖绿道中的设计规划中得到浓墨重彩的呈现。在一期项目九女墩、湖光阁、楚天台等景点基础上，绿道二期将听涛景区整合，打造国内最集中的屈原文化、楚文化展示区。在白马道、森林道区域内，东湖石刻、梦溪笔谈、蒲风荷韵等景点，无一不展示着江城的历史底蕴和文化内涵。

艺术风潮在绿道也是必不可少的靓丽风景。在白马道，东湖国际公共艺术园成为武汉最集中的国际雕塑艺术展示区。来自世界各地的顶级艺术家，带来各自作品与游客"亲密接触"。此外，还有郊野道新建区域内的涂鸦、3D地画、墙画等，将东湖绿道点缀得缤纷多彩，活力十足。东湖绿道的另一项重要景观设计，则在于改造道路沿线围墙成为通透的绿篱式围墙，并且部分拆除沿线高校围墙，保持沿线空间开放与通透。

因此，东湖绿道串联起众多高校和文化空间，让封闭的校园变得开放而包容。这些学校和文化空间有武汉大学、中国地质大学武汉校区、华中科技大学、黄鹤楼、昙华林、湖北省图书馆、湖北省博物馆等。绿道成为桥梁，让自然风貌与人文空间有机地结合在一起，使得漫步湖岸变成一种全新而自在的生活方式。大学生们时常三五结伴，前往东湖垂钓、泛舟、野游，这让东湖风光成为校园文学中最常见的风景描摹。

显然，在打破院墙式的封闭空间后，高校融入了城市之中。与东湖联系最紧密的高校非武汉大学莫属。绿道穿梭于武汉大学和东湖之间，让这座伫立了一个多世纪的传奇名校焕然一新。人们在这所环绕东湖水、坐拥珞珈山的校园内，发现更多惊喜。游人在体验绿道的同时，也体验着高等学府的书香人文氛围。这里有中西合璧的宫殿式建筑群，还有萦绕在每一位莘莘学子心中的绚烂樱花，还有弥漫在空气中的青春与梦想的气息。

❯ 景观体系：大珠小珠落玉盘 ❮

景观设计是传达区域特色的载体。它作为区域城市面貌的体现，应当做到最大限度地反映城市文化特色和地域形象，起到"城市名片"的作用，以增强地方吸引力。

从地域上来说，景观设计本身就是人类的设计和美学思维在自然上的投影，如果没有灵动的思想和美妙的创意，景观只能是最原始的自然呈现。

在东湖绿道的景观体系中，规划者充分借鉴国外先进的经验，在综合认识、分析现状的基础上，不断挖掘区域特色，重塑区域景观。

线性景观（linearlandscape）最早由欧美国家提出，它泛指呈"线"形的各种景观要素，但是不局限于点、线、面的线，而是强调其承上启下的空间功能，如汇聚了生态旅游、文化休闲、美学康体和可持续发展等多功能的绿色景观廊道。

湖中道的"长堤杉影"是东湖绿道经典的线性景观代表之作。"参天杉树巍然立，一湖风景缘堤扬。"这条建于20世纪50年代纵贯东湖的湖中道路，在东湖绿道建设中，道路两旁数千株池杉全部被保留下来，原先陡峭的石质驳岸改造成缓坡草坪，缀以景石，不仅大大增加了游客的活动空间，还使整段绿道骑行漫步更加安全。

随着城市生态公园旅游热的兴起以及东湖景观本身特殊的水陆交替的特征，景观较为分散，需要靠廊道进行线性串联——通过"线性"形式连接起"点"状或"面"状的自然景观、人文景观、社会景观，如河道、城市道

图3-20　线性景观与节点设置 | 设计团队　摄

路连接的沿线文脉和景观。

如果从空中鸟瞰滨湖线，就会发现它一路串联起磨山、梅园、枫多山、欢乐谷等景点，将星罗棋布的湖景空间进行了有序衔接，形成最美观湖路径。

显而易见的是，以线状或带状景观形式的线性景观设计，整合了东湖景观，通过创建绿道、文化廊道、游步道等，最终达到了整体的通达性和连贯性。

东湖绿道中的节点和城市中普通的节点有很大区别，虽然两者都是由景观、建筑、山水、植物等组成，满足人们娱乐、交往、休憩的需求，但是和城市节点相比，绿道中的广场规模较小，绿道广场的规划设计主要需要考虑人群的流动情况，具有疏散人群的作用。

在东湖绿道的节点规划设计中，设计者充分考虑到相邻节点之间的位置、距离、风向以及人流量，结合实际地形、地貌分段布置，融入植物配置、施工艺术和文化元素，使休闲节点和整个城市绿色廊道的设计风格相得益彰。这种节点既可以是充分城市文化氛围的景观广场，也可以是简单的林下小品，供人们在树荫下活动、游憩、交流等。

以"湖山在望"这一节点景观为例。此处原是蝴蝶馆南侧一座小山丘，在规划过程中，众人发现这是一处登高远眺湖光山色的绝佳所在。凭借临湖高地之势，可俯瞰团湖北湾风光，尽享观湖望山之美。

在园林设计上，"湖山在望"绿道两侧的人行道和山坡上，种植了500余株胸径25cm左右的乌桕树。每逢金秋时节，游客便可在山丘顶部观赏红叶，可谓三面环水、八面来风、湖光山色、自得其乐。

鹅咀则是观日出的绝佳"节点"。在植物景观配置上，突出湖景为出发点，以大树为本，大树组团树冠相接，点植旱柳等高大乔木作为骨架，中层以碧桃、紫薇等配合景石，花草点缀，表现出壮美的景致，明确限定了空间，既可让游人安静休憩，又留出透视线以供赏景。

区域特色既是空间作用的结果，也是人与自然相互作用的结果。在大区域的景观设计中，东湖绿道充分考虑了区域间的差异性，不同地形、不同时代的地貌有着不同的性格特色。

东湖绿道的规划设计者充分挖掘了区域的文化和自然生态，以设计的语言将这些要素与自然相融合，形成独具特色的区域景观。其景观主题区域选址原则，遵照了自然资源独特性、交通的便捷性、场地的可塑性、自然生态的可持续性这四个要素。

全景广场是临山半岛型主题区域景观的经典呈现。广场有阳光草坪、滨水景观带等多处新景观。日暮时分，斜阳映照水面，云霞绚烂漫天，半城山色半城湖，最是令人陶醉。这里是东湖观赏落日的最佳景点之一。

面积近12万m²的湖心岛，则是区域景观最亮眼的一处。这座由东湖通道应急出口改建而成的区域，由几个半岛和两个小岛组成，半岛与小岛之间以栈桥相连。岛在湖中，而湖又被岛分割成许多水湾，形成"湖中有岛，岛中有湖"的美妙意境。两座小岛分别取名"坠露洲"和"落英岛"，灵感源于屈原的《离骚》诗句："朝饮木兰之坠露兮，夕餐秋菊之落英"。坠露洲上遍植池杉，取名喻义池杉上的露珠不断滴落；落英岛上遍植海棠，暮春时节，海棠花落英缤纷，美不胜收。

有十里长堤的杉林耸立、有走入磨山的森林浓郁、有樱梅盛开的缤纷烂漫、有接天莲叶的无穷碧色……规划设计师们努力并用心维系的，是武汉这座城市最纯真、最天然的美感。他们日夜所探讨、所营造的无数个设计方案都是基于保护这方水土，并在此基础之上进行不断完善、深化、提升。

基于生态景观原型的景观设计方法，是塑造特定的场景与人们形成共鸣的关键。东湖绿道景观通过对自然风光、历史文化、地域特色等原型的保留，以及在其基础上采用现代的景观塑造方法，将思路与灵感与这一片湖、这一叠山、这一座城本身相关联，使得游人徜徉在城市和山水融合的环境中，既能体验到充满创新和趣味的活力感，又能有回望岁月、似曾相识的亲切之情。

细节之重

两百里东湖绿道，自然景色引人入胜，人的匠心也无处不在。东湖绿道的多个细节都是工匠精神的充分体现，不同主题的绿道在人行道铺装设计、树穴铺装、井盖设计等方面巧思不断，呈现别样风范。

走在东湖绿道，四周是山水盛景，脚下的地面也是一种美的韵律。人行道铺装在东湖绿道中占有极重要的地位，最直接、最有效地提升了东湖绿道的品位，成为改善空间环境的妙招。

如何通过路面铺装给东湖绿道加分？

把铺装打造成绿道上精致的配角，融入环境，凸显景观。东湖绿道一期、二期结合湖中道、湖山道、磨山道、郊野道、森林道、白马道、听涛道等不同主题绿道的特点以及门户景观、景观节点主题区域的景观定位，在铺设材料选择上进行有针对性选择。

铺装不仅是特征的展现，也是信息的传达。通过不同铺装，规划设计团队对人行道、非机动车道有针对性地分离处理。东湖绿道的郊野道、森林道均为人行道与非机动车道共面，通过在铺装材料及色彩等方面进行差别化处理，达到断面分离的目的。

为了增强体验的舒适性，东湖绿道的人行道铺装还要与市政及附属设施相协调。对市政管线及地面井盖等附属设施在铺装形式、外观处理、平整度等方面都进行了协调，对于人行绿道，管线不会成为突兀的存在，影响视觉及绿道体验舒适性，而是与整体铺装融为一体。

图3-21 东湖绿道在细节设计上巧思不断，呈现别样风范 | 东湖绿道运营管理公司　提供

在自然中开展人为铺装，使多大力、占多大路，极大地影响着绿道品质，东湖绿道路面铺装重视保护植被，对现有池杉、法桐、香樟等行道树做好保护，路面铺装时减少硬化面积，采用透水性铺装，形成连续绿化带。

〉 特色铺装各有风采 〈

环保、舒适、耐磨、耐久，是规划设计团队选择东湖绿道人行道铺装材料的宗旨。经过头脑风暴集思广益、多方案比较反复推敲论证，逐段、逐面、逐点考察，不同路段的铺装设计方案应运而生，它们之间既紧密联系又各有特点，默契地各展风采。

湖中道十里长堤，主要是凸显东湖灵秀之美，从梨园广场到磨山北门，绵延6km。一路湖光山色，楚天碧蓝，就像一条巨大的丝带，横卧在东湖烟波浩渺之中。

为了配合营造湖中道的大气，人行道选用丰富的铺装造型，体现多样质感和色彩，主路面的芝麻灰，荔枝面花岗岩，盲道的芝麻灰、自然面花岗岩，路缘石的芝麻灰花岗岩材料，让各个部分协调又有所区分；为了让绿道步步见绿，部分路段人行道步道砖缝间留出2cm的缝隙，以供青草从中自然长出，东湖内敛的自然美和荆楚文化大气、厚重的人文美在铺装中得以展现。

湖中道还布局有3m宽、约210m长的荧光夜道。夜道以静赏夜明为目标，规划设计团队选择荧光粉灯作为铺设材料，具有超强的发光率、颜色丰富、施工简便、能耗低等优点。这条荧光夜道，是对绿道照明景观的新探索，提供了绿道与周边环境的多样夜景体验，塑造出可夜赏、夜游的绿道景观。夜晚散步，像走在萤火虫海洋里。

东湖绿道的水道铺装也颇有特色。九女墩栈道、湖心岛栈道等水道以漫步湖边为目标，意在探索绿道与水的关系，提供多样化的观水、亲水、戏水体验。设计上采用挑台、架桥、木栈道、自然驳岸等多种方式，塑造出高可瞰水、近可亲水、满可戏水、亏可赏水的趣味空间。

进行综合比较后采用100cm的橘红印尼厚菠萝格作为水道铺设材料，较之其他木材，印尼菠萝格防腐性能好，同时花纹美观、纹理交错、重硬坚韧。

为了增强绿道的趣味性和与环境的融合度，湖中道还在部分位置安插了出挑的独特铺装。在湖中道鹅咏阳春南岛岸边，道路铺装了很多以往铺在铁路上的枕木，供人行走，意境幽远。

一侧是山、一侧是湖，依山傍水、层林尽染，是湖山道的盛景。从磨山北门至风光村，长6.2km，这条湖山道的定位就是方便市民更好地欣赏东湖四季山水城林之美。

湖山道与湖中道人行道主路面铺设材质大体相同，并且也保留了青石板、料石留缝嵌草设计。除在结合现有山林进行林相改造之外，湖山道在局部增设栈道，栈道材料综合采用陶瓷颗粒、菠萝格、黑色沥青等材料，打造高景观品质、强耐久性，同时让步行更舒适。

将游人从湖边引入山林的磨山道，全长5.8km，游人体验行走在山水之间多层次的空间变换，并在期间探索绿道与山的关系，经历环山、跨山、穿山等多样体验。磨山道采用山石路、木板道、架桥等多种形式，塑造出与

图3-22 东湖绿道的各构成要素之间协调发展，丰富的景观设计呈现和谐统一的氛围｜俞诗恒 摄

山体平面或立体交织的绿道空间。

磨山道中，环磨山、楚天阁、离骚碑布局有宽0.5~2m、长约7.9km的山道。山道主路面选择了芝麻灰、自然面，表面凹凸的10mm小料石作为铺装材料，防滑性能好、硬度高，古朴自然的外表与磨山浑厚的形象相呼应。盲道选择与湖中道、湖山道相同，为芝麻灰、自然面花岗岩。

磨山道有山也有林。林道以走进森林为目标，游人能在林荫道、森林道、堤岸林道等空间享受多样体验，感受绿道与山林的关系。堤岸水杉林、高大林荫树、森林等提供了林荫休闲、森林健身、堤岸观景等四季有景的体验，林道的铺设则是尽力迎合这种氛围。

此外，绿道磨山段还有7处木栈道深入荒野山中，采用棕色厚松木材料，具有抵抗霉菌、渗透性较好、木纹纸质感好、透水性优良等优点，营造出神秘原始的气氛，一转弯栈道又连上绿道继续回归人间。

郊野道用10.7km的美景，将原本藏在"深闺"中的落雁景区淋漓展现。行在郊野道上，可饱览落霞余晖、雁啼鹭鸣，享逍遥自在。郊野道虽然位置相对偏远，但是铺装的特色相对最多，游客不时能遇见惊喜。

郊野道的底色是沥青。因人行道与非机动车道共面，人行道与非机动车道均选用120mm厚黑色沥青路面作为铺装材料，通过不同颜色及地面标线与非机动车道进行区分，盲道仍为芝麻灰、自然面花岗岩。

郊野的装饰各色各样。落雁北门至落雁南驿站就有宽约2m、长约750m的花道。游客可以徜徉花海，闻花香、赏花落、游花径。规划设计团队利用花海游园、花树隧道、花样铺饰等手法，塑造出花期与非花期、花开与花落均有景可观的绿道景观。在材质选择上，为达到透水、防护及生态环保的目标，选择了烧结页岩砖席纹横铺形式，具有强度高、防滑性能好、硬度高等优点。

在郊野道某处，地上还有520个大小不一的磨盘。它们大多数从北方农村收集而来，主要是契合郊野道的农家乐趣。

郊野道一处步道使用的是耐火砖。这些耐火砖主要是从湖南一些砖窑厂搜集而来。与新砖相比，废旧的耐火砖颜色深浅不一，看上去色彩斑斓，更加美观。

郊野道的地下还设有13处动物"秘道"，这是专门为小动物们预留的生物通道。工人会在生物通道附近种植一些动物们熟悉的草坪、水草、灌木丛等植物当作"隐蔽物"，动物闻到味道就会找到，慢慢让它们形成通行习惯。

东湖绿道二期的森林道内，人行道和机动车道分离式共存，通过绿化带和路面颜色进行分隔。人行道上，有5.5km地面使用彩色沥青铺装，不仅更加好看，也更耐用。

此外，相较于传统沥青，彩色沥青的弹性和柔性都更胜一筹。这是"以人为本"的设计细节：来绿道二期游玩的游客中不乏老人、小孩，彩色沥青具有良好的弹性和柔性，脚感好，非常适合老年人和幼童散步，并且防滑。

白马道这里岛屿众多，之间堤堤相连，景点之间路路相通，绿道路面铺设与一期、二期整体风格保持一致。虽然这段景观已经让人应接不暇，但白马道依然铺设了精致的小景点，如用枕木铺成的一段园路中，临湖的一段还特意设置了"沉船木"铺设。走在枕木上，置身园林中，远眺东湖景，"沉舟侧畔千帆过，病树前头万木春"的意象浮现眼前。

图3-23　走在东湖绿道，四周是山水盛景，脚下的地面也是一种美的韵律。各路段铺装既紧密联系又各有特点，默契地各展风采 | 东湖绿道运营管理公司　提供

磨山道有着大面积的乡野风光，路面铺设按统一标准设计，连接各个自然生态的休憩空间。

在大李文化村等景点中间，仍点缀着各式各样的砖，虽略显老旧，但与村落文化气息协调统一，每一处路面都引人走向别有洞天的美景。

〉"美容神器"为绿道增色 〈

东湖绿道的人行道铺装中，树穴、井盖等"配角"也被精心对待，成为彰显绿道品质的重要环节。

为了打造美观、大气、实用的树穴景观，同时与人行道路面保持协调，对树穴的设计在策略和材质选择上也进行了专项研究。

在设计策略上，对原有树穴面积进行扩大，达到圆形树穴直径不小于1.5m，方形树穴边长不小于1.2m的要求，树木周边采用透水性铺装，增加树穴营养面积、合理保水，为树木提供较好生长环境的同时，防止雨水灌溉时泥土伴着水流到坑外形成泥水。

在材质选择上，湖中道、湖山道、磨山道选用花岗岩、方形小料石树穴，钢板锁边，内圈与树干外缘预留10～20cm的距离，增大人行空间，面层古朴自然，与人行道路面相协调。郊野道部分树穴则采用木桩或石材围合，内圈种植花卉植物，体现生态、美观，与郊野道主题相呼应。

井盖是道路上看似简单的细节，但也是通往城市"良心路"上的必经之门。井盖专项设计中，压力流闸阀井、排气阀井、泄水阀井均采用《市政给水管道工程及附属设施》标准砖砌井，设计的检查井井盖统一采用环保型黑色面漆、降噪防盗、承压球磨铸铁材质的"五防"弹簧井盖。给水井盖、雨水井盖、污水井盖分别用"给水""雨水""污水"区分标记。在绿道人行道井盖铺装中还有一项神技——"隐形井盖"：为保证人行道的美观性，绿道的井盖被设计得和地砖完全一致，肉眼看去浑然一体。

这种隐形井盖除格栅外其余部分材质由镀锌钢板调整为不锈钢钢板，不锈钢钢板不易锈蚀，耐久性好，外观良好，且刚度较大，不易变形，能较好地保护铺装层，减少维护费用。通过合理控制井盖内框与外框间隙，使井盖在检修过程中缝隙不易堵塞，便于开启。

东湖绿道之所以给人以舒适愉悦的享受，传达出诗意与美的意境，细节上的精益求精功不可没。一块地砖、一个树穴、一面井盖，很难被关注的它们，却被有心地打造，使东湖绿道成为一幅和谐耐看的画卷。

第五节

视觉之力

空间是一个整体。

碧波青山，长岸蜿蜒，东湖绿道以东湖为中心，时而穿行湖中，时而依山傍水，时而纵贯郊野，沿途串起磨山、听涛、落雁等一个又一个富有诗意的地标，每一段都有着不同的自然风貌和人文气息。

如果说东湖是天赐美景，那么东湖绿道则代表着规划设计的智慧与巧思。一条集游览、健身、休闲等多重功能于一身的绿道，一条长度超过百公里，沿途有山有水的绿道，一条将城市与自然紧密相连的绿道，必须有足够清晰、准确的标识系统。

如果说东湖绿道的总体规划给了人们第一眼惊艳的感受，那么，完备的标识系统就代表了恰到好处的设计细节。

一个又一个标识，能告诉人们，我在哪儿，我附近有什么，接下来可以去向哪里，以及人们需要的出入口、休息场所、餐饮供水……它们有多远。

世界级的绿道，就要有世界级的服务。标识系统，是服务能力的重要一环。标识系统科学完善，游人才可能拥有"且看湖岸风吹树，一路欢唱花草鲜"的美好感受。

这些由图像、文字构成的标识，是东湖绿道中最低调，也是最不可缺少的组成。人与城市，人与自然，城市与自然，一切关于空间与空间的协调，都在其中。

> **关于色与质的选择** ‹

标识与环境之间既需要差异，又需要协调。醒目不刺目，是一种考验。

东湖绿道，有着独特的色系与风貌，标识的色彩和材质也会给环境中的人视觉和心理上的影

图3-24　建筑肌理与自然统一
| 东湖绿道运营管理公司　提供

图3-25　石材与环境互相呼应
| 东湖绿道运营管理公司　提供

响。自然、淳朴的东湖绿道的自然特色，人们来到这里，首要的追求就是回归自然。东湖绿道的标识系统，也在自然属性上贴近这一需求。

东湖绿道的Logo选取了颇有代表性的山体、水波、东湖绿道主干线DH等元素，以抽象的骑车人形象表达出绿道的含义。同时，采用橙色、黄色、绿色、蓝色等高饱和度色彩来象征山水林湖和无穷活力，既体现着人与自然的彼此需要，也彰显绿色环保的理念。

东湖绿道强调生态之美，标识设计制作中，在讲究创意的同时，充分考虑了它们对环境的影响，无污染、无破坏的环保材料成为首选。

东湖绿道的标识以石材和木材为主，肌理追求自然，配色讲究沉稳。例如，大型标识的支撑结构采用芝麻黑色调、自然雕凿面风格的石材，它们与周边的景观石、路面铺装石材互相呼应，完好地与整体环境互相融合；再如，信息画面的底板选用进口菠萝格木，朴实、自然，也经久耐用。

不同功能的标识，通过调整色彩的明度、纯度，调节色彩的对比，来达到不同的效果。例如，导览图类的标识用赭红色底板放置线路图，采用白色、灰色、黄色、蓝色表示路线上的节点，舒朗清晰；指向类的标识设计简洁，赭红色底板配白色的文字，加上停车场、洗手间等蓝色图标，一目了然。

〉 一次关于舒适度的选择 〈

人们来到东湖绿道，健走、跑步、骑行，或者亲子、散步、游玩赏景……不同的群体，对绿道功能都有不同的需求。标识系统，要满足不同人群的需求。

人体工学是设计中不可或缺的考量，它隐藏在规划设计中，默默决定着人们对成品的感受与效果。

在东湖绿道，不同标识的尺寸、放置位置，充分体现着人体工学的内涵。在不同区域、不同地点，环境与人共同影响着标识的大小面积、位置高低、密度与间隔。

东湖绿道的不同标识，均经过现场实地测量，充分测算。它们向人们及时传递着各种信息，但同时又努力与环境协调相处。

而在布点时，更是充分站在游览者的视角，反复实地检测，才最终敲定了每一个标识的位置、每一组标识的间隔。例如，主要门户和二级驿站的总导览、线路图、节点图，包括平面图、鸟瞰图、简介文字等。当人们一进入的时候，就可以通过这些标识了解绿道的全貌以及自己所处的位置。对于游览者，尤其是第一次来到东湖绿道的人来说，即将进入一个庞大的绿道系统，线路图的信息至关重要。

多向指示类的标识，通常在各线路的主要交通节点、主要驿站的前后1km范围出现，它们会指引着游览者的行进方向。

在大型驿站区域内的重要路口设置有双面指示牌，服务设施信息一应俱全。来往人群可以方便地决定歇歇脚、喝点水，跟朋友们坐一会，吃点东西聊聊天。

东湖绿道从线路起点至终点，每隔1km有一个里程标识碑，对徒步健身者、骑行者来说，这一设计提供了极大的便利。

整个线路沿途都有驿站、电瓶车站、自行车停车处等设施的指示标识；特色景点和人文景观也都有景点说明，这些贴心的标识保证了游人在绿道的游玩舒服尽兴。

同样重要地，在亲水平台、桥梁护栏、栈道等濒水区，也会有安全提醒标识，这类标识的位置尤为讲究，既要清晰醒目，又要不乱入游客的相机镜头。

〉 一次关于城市内涵的选择 〈

东湖绿道的内容极为丰富，它拥有不同的环境空间，亲水区、游玩区、山野道、郊野道……同时，它也串起了武汉城区重要的自然风光与人文景观，是城市文化的重要组成。

因此，东湖绿道的标识系统也必须体现出城市文化的特色，同时它也兼具着独特的动感。这是绿道标识与单纯景区、人文设施的重要区别。

东湖绿道的标识系统在符合国家标准的基础上，也进行调整和超越。

标识系统提供给游人清晰简洁的信息，同时也介绍了东湖绿道沿线的人文典故、经典景区。随着绿道的建设、城市的开发，绿道与城市的密切联系咬合，也通过标识系统进行了充分表达。磨山、梅园、落雁岛、植物园……这些不同类别的人文景点，公共汽车站、公路、环线……这些不同形态的城市交通，村庄、集镇、景区……这些不同的城市风貌。所有这些，都可以通过东湖绿道的标识系统，给予游人明确的了解。

沿绿道行进，放眼望去，湖岸或高楼林立，或山丘绿树，或小岛村庄，或历史传说，这些丰富的城市内容可在指示牌、简介牌上逐一了解，印入脑海。

人们来到这里，远眺着武汉大道沿线的高楼大厦，走过有高大水杉的湖中道，跨过一座座小桥，进入依山傍水的湖山道，会知道前方有磨山和楚天台，不远处有植物园，另一面有落雁岛，之间还有一些小村庄，通过标识，也清楚地知道自己所在何处，可以去哪里。是去郊野继续扑入自然，还是到景区附近寻找农家乐？是爬山还是亲水，是观景休闲还是徒步健身？脑海中快速编织起无数可能，这是让人兴奋的体验。

只有在东湖绿道，在武汉的这座城市里，在全国最大的城市中心的湖泊边，才能拥有这样的经历，有青山有绿水，有微风有阳光，有树林湿地，有鸟语花香，还有荆楚人文、古韵传说，以及眼前活生生的都市繁华。

这些竟然都是沿途所看到的一块块标识牌。在临水看波光，登山走栈道，穿过树林看飞鸟的过程里，它们是明确指引，补充所有信息片断，将一段段信息填补、连接，构成对城市全新的认识。

这一切在不知不觉间完成，这就是东湖绿道友好度的一种最佳体现。

图3-26 地标与环境充分协调 | 东湖绿道运营管理公司　提供

城市公共空间，人的参与是重点。

绿道鼓励绿色出行，取消机动车通行还路权于民，沿东湖绿道漫步、奔跑或骑行，逐渐成为市民和游客新的休闲方式。

四季变换，人们在绿道上能看到不重样的风景，春季樱花烂漫，夏季荷叶滚圆，秋季桂花扑鼻香，冬季梅花捧着雪。视线里，绿道的湖堤拥有完整的植被，种植了芦苇或鸢尾科的亲水植物，充满美感。不仅仅是某一类植物，东湖绿道建立了一种立体的植物群落。从地面到空中，从草花到爬藤植物，再到灌木、乔木，每个层面的植物构成了一个小世界。

绿道串联着东湖听涛、磨山、落雁等景区，形成了连续可达的开放空间，这些生态友好的公共空间被市民赞誉为假日里家庭出游的好去处，也是孩子们认知自然的大课堂。

东湖绿道的范围不限于蜿蜒的路径，以最美风景催生的各种创意空间也是亮点，美术馆、书店、民宿、餐厅等，都因自然野趣吸引着来往的人。绿道边的村落重点围绕"景中村"建设、基础设施配套、文化旅游体系等进行系统规划，带动着武汉新兴产业的发展。

俞诗恒 摄

第一节

在世界

绿道让东湖焕然新生，也让武汉规划设计惊艳世界。

2016年6月，成为首个"联合国人居署中国改善城市公共空间示范项目"；2016年10月，在第三次联合国住房和城市可持续发展大会上获全球推介；2017年10月，在阿姆斯特丹国际场所营造活动周上再获推广；2018年2月，在世界城市论坛获得推介；2018年10月，获2018年度国际城市与区域规划师学会ISOCARP规划卓越奖，这是国际规划界最高奖项。

屡获殊荣，点赞无数，频繁亮相国际舞台：东湖绿道能交出这样的成绩单，与联合国人居署的密切合作功不可没。

东湖绿道不仅采用了联合国人居署的全球公共空间工具包提出的原则，还成功将国际城市和区域规划纲领本地化。

合作如何展开，联合国人居署如何看待东湖绿道的今天和未来？联合国人居署亚太区办事处高级人居官员布鲁诺·德肯（Bruno Dercon）和驻华代表张振山见证并参与了双方合作的全过程。

图4-1 绿道让东湖焕然新生，也让武汉规划设计惊艳世界｜梁震凯　摄

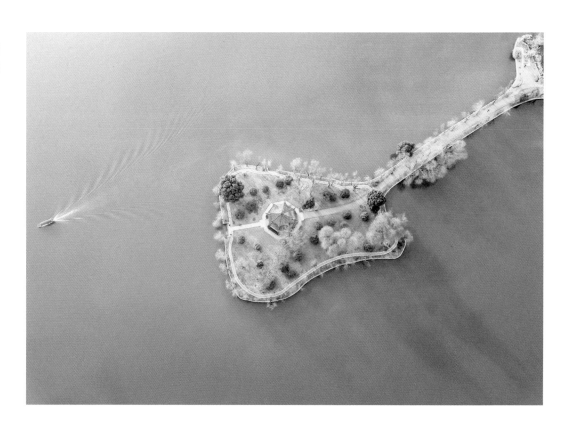

〉 大城里少有这样的公共空间 〈

"东湖绿道是世界级的城市空间，这对我而言比绿道更重要。"联合国人居署亚太区办事处高级人居官员布鲁诺·德肯坦言，如果单纯对"绿道"进行排名，东湖绿道并非冠军。

最美的"绿道"往往是未开发的空间，这些区域道路不多，所以辟出小路让人和自行车通行。一路上，人们能欣赏着极好的自然风光的同时，就到达了自己的下一站目的地。

因此，联合国人居署最看重的并非东湖绿道的"颜值"，而是其他方面的可能性。

"大城市中有一个湖泊，能成为城市公共空间的中心，这样的例子并不多见。"武汉用绿道的形式，将这一最大公共空间还给市民，让市民有一处呼吸清新空气、亲近清澈湖水、享受清静环境的生态休闲空间。东湖绿道也成为与纽约中央公园、杭州西湖一样具有开创性的公共空间样板。

其实，提出建设东湖绿道时，最急迫的需求是解决东湖的车辆问题和环境污染问腿；与此同时，最好能解决市民对公共空间的需要，串联山、水、林、城，让人们从钢筋混凝土森林中抽身。

如何让这一美好愿景落地，在乐湖环境得以改善的同时，让人们愿意去东湖绿道休憩游玩，让东湖绿道成为真正的公共空间，是绿道规划设计最重要的课题。

长久以来，城市习惯的公共空间是大广场、大公园，买票进入还要走上很远才到核心区域。

如果按大景区的方式打造东湖绿道，可以同样精致，环境得到保护，期间协调少得多，过程简单得多，但武汉只是多了一个更漂亮的去处，绿道与城市不可能如此紧密结合。

联合国人居署驻华代表张振山说，合作初期，就如何在绿道建公共空间，双方想法并不完全一致。2016年，东湖的绝大部分区域还称不上是城市中心，对于东湖绿道是否有必要与城市如此紧密结合，各方并无共识。如今三年过去，东湖三面已被城市包围，一条融入城市的东湖绿道明显更合时宜。

规划团队采纳了联合国人居署的指导意见，颇有前瞻性地决定将东湖绿道打造为符合现代理念、真正意义上的公共空间。

武汉市勇于创新，把东湖还给市民：东湖绿道建成后，主要路段全天只允许行人、自行车通行，行经车辆可走与湖中道平行的东湖隧道，隧道游玩则可乘坐公共交通工具或开车至东湖绿道入口停车场。

根据联合国人居署《中国改善城市公共空间示范项目武汉东湖绿道项目专家组意见》，坚持开放、免费、非盈利、可达性和包容性等原则，在放弃门票收入的同时，在根本上反对封闭性的发展，不设围墙、鼓励人行，这些决定是把东湖打造为成功的城市公共空间的关键。

〉 项目不可复制，管理值得借鉴 〈

把东湖真正转变成为武汉市的核心公共空间，是一项需要10年甚至更长时间完成的使命。

开放还不到5年的东湖绿道，收获的人气和荣誉已远超预期。除了原则、经验和指导，使项目方向正确、功能发挥更好，联合国人居署还促成东湖绿道频繁亮相国际舞台，在国际公共空间规划设计的圈子里具有高知名度。

东湖绿道成为响当当的示范项目：一批批团队前来考察学习，有的地方甚至会邀请联合国人居署，请他们指导在当地建绿道，"就像东湖绿道一样"。

全国那么多绿道空间，已建绿道5.6万km，为什么幸运会降临东湖绿道？

在千万级人口大城市，能把最大城中湖打造成自由释放心灵的绿色空间，这得益于武汉的资源禀赋和发展能级，从这一角度看，东湖绿道是独特的。

布鲁诺·德肯表示："独特的东西一般不具备示范效应，不能被其他城市借鉴。东湖绿道可以被借鉴的地方是管理。"

东湖绿道采取"以人为本"的方法，从规划开始阶段就将高规格的公众咨询和参与纳入其中。"这创造了一个在中国当代和未来城市规划过程中都能复制的规划方法。例如，在城市更新过程中，对于利益相关者的咨询意见是十分重要的。"联合国人居署在对东湖绿道的官方意见中如此评价。

这也是国际城市与区域规划师学会把ISOCARP规划卓越奖颁给东湖绿道的最主要原因："东湖绿道规划的核心特征是打造了一个公众参与规划实践的网络平台，不仅让市民提出建议和设想，也让他们成为真正的决策者"。

东湖绿道开发过程中，除了保护自然环境，也尽可能保留周边社区，布鲁诺·德肯说道："周围居民没有一刀切搬走，这是他们的创举，让发展可持续，这些都是很重要的原则，也可以被复制"。

而磨山景区取消门票等举措，则让这个空间完全公共化，"政府很清楚怎样才能让一个空间成为真正的公共空间"，布鲁诺·德肯认为，这些软实力让东湖绿道成为武汉公共空间从数量导向到提质升级转变的典范。

绿道设计中，可通达性是重要考量，东湖绿道出现在最正确的时机，高铁站竣工，东湖隧道竣工，停车场也建的差不多：基础设施的完备使大家来得方便，把尽可能多的人连接到了这里。

此外，东湖绿道规划团队在场所营造、景观设计、道路铺设等方面，充分考虑到满足不同群体需求，无论年龄群体、社会阶层，都有适合自己的活动场所，对于创新、艺术社区也都腾出空间。布鲁诺·德肯说，"多样性是衡量大城市人居环境高低的最重要因素"，这些考量都让东湖绿道成为大城市的品质公共空间。

> 不要成为自身成功的受害者 <

满载的游客数量是对东湖绿道规划设计的最大肯定。资料显示，开放以来东湖绿道接待游客总量近4000万人次，2018年"五一"假期第一天，东湖绿道接待量达16万人次，相比于其他景区遥遥领先。

"太多人了！这说明东湖绿道非常成功"，布鲁诺·德肯在赞叹的同时，也提醒不要让东湖绿道成为"自身成功的受害者"。

某种程度上，人气是东湖这一生态敏感区域难以承受之重。布鲁诺·德肯说："生态修复需要长久时间，但毁坏就在一夜间，东湖生态的修复可能还需要几十年，世界上目前并没有范例来告诉我们如何管理城市中心如此大规模的公共空间。"

生物多样性是一条绿道生态环境的重要指标和最大的吸引力，如何保持东湖绿道的生物多样性，如何让东湖水质能通过生物自然净化持续提升，如何管理好如此庞大的游客数量，在联合国人居署看来，这些才是未来评判东湖绿道的指标。

布鲁诺·德肯认为，保护东湖的水体和绿地刻不容缓，"东湖的某些区域是需要定期关闭养护的"。

此外，东湖绿道自行车数量过多，部分缺乏维护，这使绿带看上去像条"便宜"的街道，需要想办法对此加以限制。

游客数量众多，一方面说明东湖绿道非常好，另一方面也反映武汉"世界级"的公共空间太少。

联合国人居署认为：东湖公共空间战略规划需要一个全市范围的公共空间战略规划作为补充，提供一个能够满足全市范围内市民需求的公共空间网络。而且，著名城市都有很多独特的、尺度不同的公共空间。

"长江周边也可以打造成很好的公共空间"，布鲁诺·德肯认为，可以打通东湖与长江之间的水路，把东湖绿道上的游客引向长江。

随着公共交通的发展，武汉还可以建设更多高品质绿道，但呈现形式是多样的，不仅仅打造为一个个"自行车公园"，而有更多的自然和野趣成为真正的品质空间。

第二节

入生活

图4-2　绿道修建好后，人们
才得以发现东湖不同角度的面貌
｜俞诗恒　摄

🖉 风景如常

武汉的风格始终参差多态，近些年尤为明显。它有新有旧，有保存也有更新，让城市保留住往日趣味，又充满活力锐气。东湖绿道正是如此。

东湖是武汉的一道天然生态屏障，但以往到那里总是只去几处固定的地方，要么坐车迅速路过，根本看不清它的全貌。绿道修建好后，人们才得以发现东湖不同角度的面貌。

东湖绿道全长101.98km，悠闲散步能走上整整一天，从清晨到路灯亮起。这里目前拥有7条主题景观道，线路地图如同"毛细血管"，繁多且有规律。

绿道沿线设有山坡、草场、湿地、沙滩……生态各异。就算一周连续去，遇到的也都会是不重样的风景。每个季节的景色自然也不相同，春花烂漫、夏荫浓郁、秋色绚丽、冬季苍翠，植物会随树龄增长而改变，其形态同样随着季节的变化形成不同的季相特色。

有了绿道后的东湖被更新了，但又有很多东西没改变。例如，哪怕成了全球瞩目的焦点，东湖依然波澜不惊，它仍像从前一样看日出、日落，度过花开花谢的四季。遇到大雨滂沱，东湖的浪花还是一阵高过一阵，带着充满野味的美。

不远处，一艘游船在江面上缓缓行进。风中夹杂着湖水与植物味道，仿佛让东湖和时间一起倒流，又一起向前。

湖中道沿线

〉 湖中道沿线 〈

　　如果在东湖绿道选择一条最能让人体会到"穿湖而过"的路线,非简洁大气的湖中道莫属。湖中道起点位于梨园广场,当你通过入口的时候,就能明显感觉到绿意蓬勃,高楼林立、人头攒动的景象立刻消失不见。

　　再往里走,视野更加开阔,东湖的景色慢慢在两侧铺展开。远处水天一色,近处水杉的灰褐树干直指天空。道路两旁的杉林湿地由具有60多年历史的长堤和东湖渔场生产区改造而成,总面积7.3万m^2。如今依然有篷船泊岸。

　　加上湖北海棠、玉兰、梧桐、丝棉木等具有湖北特色的乔木,临水区域种植的荷花、慈姑、石菖蒲、水生鸢尾等,使得湖中道成为一个四季有景的大型生态博物馆。

　　湖中道全长6km,路线从湖光序曲经长堤杉影,再到湖心岛、鹅咏阳春,最后延伸至磨山北门的磨山挹翠。沿途还设置有不少别具一格的小景节点,让人愿意停留。

　　温柔夜色里,万家灯火勾勒出城市轮廓。东湖白天的山清水秀,到了夜晚则是碧波浮玉。随着绿道亮化工程的全面实施,湖中道的晚上变得既浪漫又魔幻,红色、蓝色、黄色、紫色……不同灯光交替渐变出现。航拍照片看起来仿佛一串夜明珠闪烁在湖面上。

　　身在其间的你不管是乘船游览,还是在道路驻足,都能领略到蜿蜒曲折的浮堤长龙景观,有几个瞬间甚至会以为自己正在一幅加长版的画卷中。

图4-3　只有到达现场,才能真正体会到不重样的生动风景 | 俞诗恒　摄

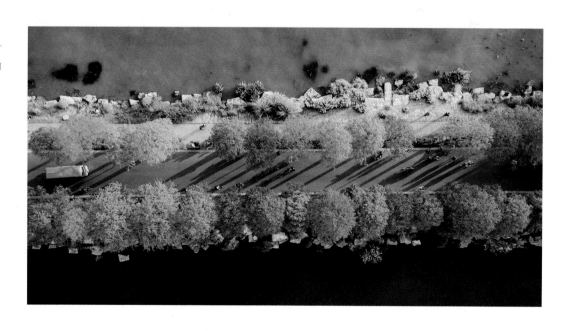

﹥ 鹅咀 ﹤

鹅咀东岛"东观楚台"，是观磨山的好位置。临湖设置供人远眺的台阶场地、景石大树，在那能赏茂林修竹，感受到"东眺楚台观日出"的壮美。西岛则设船形驿站、沙石铺地、疏朗草坪，形成"西踏平沙赏余晖"的意境。

在它的亲水栈道上，铺装木材为进口印尼菠萝格。较之其他木材，印尼菠萝格防腐性能好，非常耐用。在西岛岸边，道路则铺装了很多从前铁路上的枕木供人行走。这些旧枕木是从废弃铁路上搜集而来，其耐久防腐性能俱佳。

植物配置上以突出湖景为出发点，以大树为本，大树组团树冠相接，点植旱柳等高大乔木作为骨架，中层以碧桃、紫薇等配合景石，花草点缀，表现出壮美的景致，明确限定了空间，既可让人安静休息，又留出透视线供赏景用。

需要提示的是，在鹅咀有一处分叉路口，往右前行即可到达磨山北门，但这样就会错过左边郊野道的风景，最好能根据自己的实际情况提前想好行走路线。

鹅咀旁的浅水荡漾水晕，小鱼鼓出泡，偶尔也有翻背的小鱼。据说浅水更易捕鱼，所以鸟的胃口养叼了，有时捕到小鱼会扔回浅水。鹅咀作为东湖绿道一个节点，它的纯粹自然本就足以招人喜爱。

图4-4 节假日的东湖绿道是人们出门踏青游玩的最佳选择

谋篇 ——东湖绿道规划与实践

图4-5 东湖绿道所有路线中，湖中道沿线视野最为开阔｜俞诗恒 摄

湖心岛东侧

梅园全景广场

〉 湖心岛东侧 〈

"湖中有岛、岛中有湖"的湖心岛设三小岛，名为坠露洲、落英岛、亦何湾。名字均出自屈原《离骚》中的诗句："朝饮木兰之坠露兮，夕餐秋菊之落英。苟余情其信姱以练要兮，长顑颔亦何伤"。

岛东侧是观朝阳的绝佳地段，你可以起得更早一些，清晨就来此看湖水，那时不是透亮也非碧绿，而是像天的倒影，有波光变幻的美。烟雨霏霏时更会别有韵味，低头是细雨化开的水晕，抬头是垂柳飘摇的绿雾。

另外，湖心岛的草坪以香樟三角枫为主要背景，同时种植了大规格朴树，但完全不会遮挡观湖视线，还点缀有樱花、鸡爪槭、红枫用来提色。岸边则出现了《离骚》中的植物，形成忘忧花港、海棠花溪、芳草花径等景观。

〉 梅园全景广场 〈

沿着湖山道一路从风光村一棵树到枫多山，到达梅园全景广场。途中一侧是山、一侧是湖，结合现有山林进行林相改造，局部增设栈道，形成依山傍水、层林尽染的秋叶效果。深秋时节行走其间，真正是"半山半水伴红叶"。

全景广场是东湖绿道南门户，毗邻东湖荷花塘、磨山南门、樱花园、梅园、中国科学院植物园等重要景点，由"一轴、两片、三带"景观组成。

"一轴"为全景广场观湖视野轴，"两片"分别指梅园前集散休闲广场和东湖三大阳光草坪之三，"三带"由东湖滨水景观带、荷花塘亲水景观带、色叶林荫景观带组成。

春来赏樱，夏来观荷，秋来品桂，冬来寻梅，四时风光，各美其美。漫步至此，凭栏而立，近可观山林自在，远可眺天际深远，落日余晖，晚霞满天，东湖之美莫过于此。

九女墩驿站

湖光序曲驿站

荻芦泽畔
（新武东驿站）

落霞归雁
（落雁驿站）

〉各大驿站 〈

除了让人流连忘返的湖光山色外，东湖绿道上设置的驿站也值得一看。它们不仅涵盖了洗手间、餐饮、休憩、赏景等多种功能，能为游客提供简餐、卫生间、医疗救护、自行车租赁及电瓶车乘坐等服务，而且外观上自成一景。

例如，位于东湖绿道之首的湖光序曲，始于茂密的海棠、梨花林，北侧有蜿蜒的木栈道，滨水区有多种《楚辞》所描植物，如香蒲、荷花、杉叶藻等。同时，它属于一级驿站，地下一层配备了五星级厕所，共有130个厕位，厕位男女比1∶1.5，还配有淋浴房、换风系统等，游客游玩、跑步后可到淋浴间淋浴。

枫多醉岭驿站则依循枫多山原有的地理风貌，采用"枯山水"造景手法，以巨石为岛，铺曲径如水，展现高山流水的意境，五棵峻拔阔冠的三角枫庇荫其上，红叶景观与枫多山林风貌融为一体。

位于九女墩、湖心亭、鹅咀等处的驿站，多采用坡璃、钢材等现代风材质，时尚、简洁、大方。在郊野道上，落雁驿站、新武东村驿站、生态园驿站、雁中咀驿站等，披上了竹子、木材、砖石等原生态的材质装饰，茅草屋的造型自然、生态。这些都是设计极其用心却容易被人忽略的小景。

图4-6 自成一景的驿站，是东湖绿道中设计用心但容易被忽略的风景 | 俞诗恒 摄

万国公园

湖林道沿线

〉 万国公园 〈

关注过万国公园的人，肯定会记得网络上流传颇广的那组照片，金字塔、埃及神庙被拍得最多。除此以外，其实还有10余座废弃建筑，分散在这个占地800亩的公园内。失去滚轮的荷兰风车、水泥掉落的希腊神庙、若隐若现的欧式城堡……往往是沿着田埂走一会儿，就能突然发现一座。

现在它成为东湖绿道上的一部分风景，当然也是绿道上最像"另一个世界"的地方，充斥旧时光却气势犹存。

眼前这些5~6m高的建筑，同时被一些不知名的树木蜿蜒伸张的枝干须根缠绕，使得它们看上去更显得是立意严肃而结局荒诞的"大东西"，不过倒是呈现出了一些魔幻气息。不少建筑由于立面长时间背光，上边布满了青苔，但是却变成落日时分公园里最美的有阴影的角落。和阳光暴烈的晴天比起来，这时的万国公园更讨人喜欢。

万国公园另外一边离武汉火车站不算远，常有动车从远处桥上快速驶过。当对岸磨山的钟声响起，使得这一切更像脱离了现实。

看到这种寻常之美，有点想能随心所欲地在这里住几天，和偶然相遇的游人聚会，哪怕谁也不认识谁，但相逢就是缘分，大家一样可以开怀大笑。假如谁也遇不到，单独一个人也没关系，钻进睡袋，慢慢喝酒，看着天色逐渐变暗，不听音乐也不看书，昏沉沉地一觉睡到天亮。

〉 湖林道沿线 〈

湖林道全长14.08km，道路横跨磨山、喻家山景区，从磨山东门，经植物园、喻家山北路，至植物园南侧东头村。

其中多人推荐的景点鹰嘴湾面积约为6200m²，位于植物园南侧，团山驿站北侧，节点内设置三个木平台，一个景观廊架，种植鸢尾、虞美人等植物，配合原有苗圃形成一个自然生态的休憩空间。苗圃区域种植了木本绣球及琼花，形成绣球专类园。

还有一条辛夷花道。辛夷是《诗经》中的植物，辛夷花道将种植木兰和黄金菊，营造出"朝饮木兰之坠露兮，夕餐秋菊之落英"的景观。

另外，在武汉植物园旁边，隐藏着一个自发形成的文创艺术村大李村。大李村原本是一个非常普通的村落，由于其周边环境较好，空间相对独立，交通比较便利，多可出租的独栋房屋等得天独厚的条件，获得了越来越多的文创群体的青睐。

湖林道其中的一段有大量乌桕，这是湖北的乡土树种，秋季叶色红艳。当然也有梧桐扎根在道路两旁，有的未经修饰向天空伸展，有的树枝横斜肆意生长，手掌宽厚的叶片交错，遮蔽阳光。

到了夏天，知了的欢唱对歌般此起彼伏。骑车或慢走游荡在此，不免错觉远离了武汉。

落雁景区

清河桥

〉 落雁景区至清河桥 〈

落雁景区半山半水，鸟群恣肆。直到2000年，景区内还没有路，水电也不通，大家饮水全赖一口乌龙井，据说有人担心井水安全，拿去送检，结果井水各项指数达标，而且矿物质含量远胜自来水。

经过多年建设，落雁景区仍保有难得的天然姿态。它有着"养在深闺人未识"的美景，东湖绿道延伸到了这里，让人们能够尽情欣赏。在落雁附近转悠，时不时迎面就能遇见需要多人合抱的大树，香樟、水杉、广玉兰、海棠、枫香……树下泥土蒙着墨绿青苔。还有些新种植的树木长势蓬勃，看起来也是野生模样。

"落霞归雁"驿站广场西侧连接观湖半岛，临水而立，将东湖鸟岛、落雁景区、磨山景区、清河桥等东湖景区经典景观尽收眼底，是东湖绿道最佳观鸟景点之一。

到了候鸟归来的季节，呼啸而过的鸟群如云遮空，观鸟必须打伞，否则鸟粪会下雪般落下。传说鸟粪能把落雁附近的水杉染成白色，远看好像积满白雪。

鸟鸣的和声回荡在林间，灰背喜鹊和布谷鸟最常见。近年来，随着水质改善，落雁景区鸟的品种也多元起来。

拉弓射箭雕像下横着清河桥。白天站在清河桥上，看到湖面的微光金灿灿，远处湖水和天空模糊了界限，湖面看上去又宽又远，望不到头。

要是在晴朗天气的下午6点前后到达这里，会发现炎热被湖水的清凉冲淡了。如果时间安排得刚好，还能看到晚霞满天、远山连绵的绮丽风光，周围一切都沉浸在红色夕阳里。

图4-7 站在晚霞满天的湖边看着天色逐渐变暗，以为自己停在画中 | 范莉华　摄

✏ 别有趣味

如果把城市比作一个巨人，城市中的自然空间可以比为巨人前行中的呼吸，提供了鲜氧和前行的动力。

东湖绿道拥有这样的能量，万顷碧波之上，蜿蜒向前，湖光山色移步换景，真正成为城市人忙碌生活的调节剂。而绿道旁的各种空间，因为多了一份与环境和谐共生的静谧，给设计者提供了来自自然的灵感，展现出区隔于城市空间的别样魅力。

绿道上的跑者感受山水穿行之美，与湖边整齐的水杉长廊擦肩而过，抬眼都是婀娜多姿的植物群落。绿道旁的公园让户外的亲子时光变得丰富，辨识花草观察鸟类，成为最好的课堂。公园里的雕塑每年都有变化，形态夸张或颜色鲜艳，人们忍不住触碰、跟雕塑合影，这种交流便让它不仅只是基础设施的一部分。

美术馆、书店是绿道里的小型公共空间，完美地诠释着从都市的喧闹到静寂之美的世界，生态自然与建筑的良好结合在这里得到体现；茶室、餐厅、民宿则处处体现着设计者的别有用心，开辟出一片片人们心神向往的理想型生活、居住地；绿道边的村落里聚集着年轻的艺术家、手工艺人，他们毫不掩饰对生活的热爱，感染着游人们来尽情表达喜怒哀乐。

图4-8 不少年轻人都选择在东湖边拍婚纱照 | 胡必雄 摄

美术馆

〉 美术馆 〈

去东湖杉美术馆，有寻宝的乐趣。揣着地图，看到东湖梅园景区东南角"磨山揽翠"的指引，沿着林间小道朝湖边去，再经过一片茶园和松林，美术馆才出现在眼前。这令人想到位于日本滋贺县甲贺市信乐町自然保护区山林间的Miho Museum（美秀美术馆），在群山环抱之中，抵达它需要走过山间的坡路、穿过隧道和吊桥。与城市中被人熟知的大型博物馆相比，它们与自然完美结合，小巧又美丽，让人着迷。

东湖杉美术馆的四座展馆零散地分布在庭院草地上，馆1是一座小塔楼，旧旧的水泥塔桩搭配崭新的深灰色小房子。爬上侧面的楼梯俯瞰屋顶，房子内部是由镜面构筑的蜂巢结构，镜子里是窗外的风景，自然的色彩在小镜面中分割又重合，出现了无数片天空与无数个丛林。

展馆2、3、4红墙灰瓦，目前正在展出沈爱其老师的水墨画。这三个展馆形成一个阵列，是紧凑但开放的空间，在比例与照明上都十分独特，有的用通透表现气度，有的用幽暗营造庄重。

人们去美术馆，体验与艺术面对面的交流，更被这湖岸场地的景观所吸引。美好的东湖、美好的湖边道路，已然成为艺术空间体验的重要部分。

图4-9　绿道的建成让东湖深处的美更易抵达 | 俞诗恒　摄

茶室

书店

> 茶室 ‹

提起小鹿斋，收获的全是赞誉，这间东湖绿道旁的茶室，被形容成一朵开在隐匿处的花，灵气十足。

70m²的空间，朴素、精细，处处透露着被悉心养护的痕迹，老木头的韵味让各个角落自成一景。茶室的别致之处是三面临湖，明亮通透，内部空间盛满了茶文化、书画、民俗工艺等器物，而庭院里种着丁香、茉莉、栀子花、柿子树，春夏秋冬景致更迭。

这里是武汉爱茶人心照不宣的喝茶好去处。据说，茶室主人曾拜在台湾茶届著名茶人李曙韵门下习茶，很擅长造设茶境，茶室时常邀请知名学者或艺术家举办沙龙讲座、文人雅集，交流中国传统文化，分享诗意的日常生活方式。

日落时分最叫人动情，走到临湖的露台，晚霞映着湖水，星河还未落入人间，这一眼看到的是完美东湖。

> 书店 ‹

骑单车到达东湖绿道森林道的入口处，看到了"时见鹿"书店。它被定位为武汉首家森林书店，以"城市与自然共生"为设计理念，将人文、艺术与自然融为一体。

在绿道旁，这是座比较显眼的建筑，占地近2231m²，三栋围抱式的中式小楼被湖水环绕，中间构建成一个庭院。有三三两两的年轻人在院子里拍照，有妈妈抱着小朋友正朝着儿童区走。

2号楼是文化主题书店，正对着喻家湖，被隔断成三层的开阔空间。大型木质书架搭配整面落地窗，给了人们阅读的好地方。30万册藏书涵盖了文学、社科、艺术、商业等多个品类，人们通过AR导购来定位和室内导航，最直观地找到想要的那本书。窗边的座位比较吸引人，这里能看到路边的风景、骑车的运动爱好者、牵手的情侣。

这里的空间形式、内容比较丰富，除了在书店内设有咖啡馆Deer Xing、文创市集、小鹿呦呦亲子空间，还在另外两栋楼内设置了轻食餐厅、创意民宿、文化沙龙互动区。

周末的书店人来人往有点忙碌，看完书跨出门就有新鲜空气，去绿道骑车、去森林公园找野果子，玩儿的方式还有很多。

民宿

> 民宿 <

"东湖懒院"在东湖绿道的郊野道边上，白色外墙的独栋小别墅，门前庭院开阔。民宿主人自称"院长"，他很早之前在广西阳朔经营客栈"懒人堂"，之后选择回家在东湖边造了这个院子。

"懒院"上、下两层5间客房，只做整栋出租，开放式厨房的餐具、调味料一应俱全，大部分客人会自带食材做饭，他们在这个私密又自在的空间里追求恰到好处的舒适。二楼临窗直面东湖的"大浴缸"，能让月光倾泻在身体上，耳边只有风掠过树叶的沙沙响。而每年三月下旬樱花盛开的季节，打开窗户，整个空气都是甜味。

建在绿道边的类似民宿还有"希尔维亚公园""鹿居·六舍"等，因为周边自然环境的友好，让它们身在城市，却具备乡野民宿的乐趣。这个距离让人们从匆忙的生活中抽离时不至于那么费劲。站在窗边烟雨东湖尽收眼底，出门就能沿着绿道一路骑行。

图4-10 住在东湖边，享受"私家"绿道 | 俞诗恒 摄

〉 湿地公园 〈

这片湿地公园位于东湖绿道与武汉华侨城地块的交汇处，呈南北向带状地形，水面面积约12万m²，拥有1km银杏大道和10hm²的原生水杉林，湖中堤岸可以直接连到东湖磨山风景区。

当眼前呈现出花田、丘陵、草地、湿地等不同景观空间，四周被慢跑道、自行车道、亲水步道围绕着，很难想象出它之前的模样。

一直住在湖边的人说，这儿以前是东湖当地居民进行水产养殖的"田"状鱼塘，一排一排的池杉将各个鱼塘分隔开，塘里有茭白、芦苇、菱角、鱼虾，半空中是鹤、雀、蝶、蜓。公园保留了原场地的水塘格局，又梳理道路、设置了观景平台。各种植物和水塘环境吸引着蝴蝶、蜻蜓等昆虫，也有过境的候鸟在此停留。

这是带孩子观察大自然的好地方，公园里用茅草搭建了多个观鸟屋，观鸟屋附近有十几种鸟类喜欢吃的植物果，小朋友可以躲在茅草后面远远地观察鸟儿吃东西，还能看到郊野道下方穿行的兔子。

由于每年"东湖全国青年雕塑邀请展"的举行，还能在这儿欣赏到各类雕塑作品。人们在雕塑前合影，认真读着每一件作品的设计理念：一个"灯泡"，试图用日常物件来拉近艺术与人的关系；作品"泡泡儿"的灵感来源于儿时玩耍的肥皂泡，七彩斑斓的泡泡虽美丽却转瞬即逝，雕塑则希望将瞬间的美丽变为永恒。

图4-11 东湖绿道集合了花田、丘陵、湿地、草地等不同景观空间 | 俞诗恒 摄

蝶变 | 东湖绿道规划与实践

村落

> 村落 <

东湖磨山东南麓的大李村，原本是一个非常普通的村落，由于交通便利好到达，自然环境舒适，空间相对独立，又有很多可以出租的独栋房屋，逐渐吸引了文创群体、野生艺术家，自发形成了一个文创艺术村。

大李村其实并不大，之前也没有经过统一的规划，画室、琴馆、道馆、驿站、餐厅、咖啡馆、民宿、各种手工作坊无序地排列，村落里四处蔓延着自然生长的气息。绕着村子闲逛一整天，各家院落的门都大大方方地敞开，碰到感兴趣的主题探头探脑走进去，却发现并没有人当你是顾客，主人也许正聚精会神地玩木头，身旁趴着昏昏欲睡晒太阳的狗。大家就这么来去自如地在每栋楼里穿梭，就结识了一波手工艺达人，就算在小道里迷路也能发现惊喜之处。

村子里的有些道路会过于狭窄，也有部分破损建筑存在着坍塌风险，针对这些现实情况，从今年开始启动大李文创村微改造一期工程，方案在保留村庄原始风貌的同时，慎移树、不填湖、少拆房，看得见山水，也留得住乡愁。预计整个工期为10个月，大李村将呈现出一幅充满楚风汉韵的"富春山居图"。

图4-12 东湖绿道与附近村落友好地融合在一起 | 俞诗恒 摄

> 野餐 <

　　去东湖绿道撑起帐篷野餐，是周末令人期待的事情。武汉能野餐的地方并不多，东湖绿道提供给人们能在旷野大口呼吸、热烈交谈又畅饮的机会。

　　野餐的玩法很多，家庭聚会带着孩子搀着老人不愿意走到深处，就把防潮垫随意铺在绿道边，一次性桌布是必备，卤菜是自制的，保温桶里装着白粥和馒头，但小孩只惦记着薯片和橙汁。啃着鸭脖盘腿坐在草坪上看孩子们打成一片，特别有幸福感。

　　当然，也可以选择去郊野道，那里人少临湖，藏着宁静又漂亮的角落。落雁景区那一片伸进湖中央的半岛，适合盯着来往的棚船和远山发呆，铺上一张清新的餐布，来一场有仪式感的野餐。带上几个草编坐垫，托盘、刀叉、筷托一个都不能少，高脚杯装香槟，瓦伦丁杯装啤酒。无用却好看的东西是重点，竹编篮子装水果，鲜花一小束，杂志书旁摆一把手冲咖啡壶。记得在东湖落日的时候举杯合影，社交账号里会记录下这次完美野餐。

图4-13　在东湖绿道，野餐的玩法有很多 | 俞诗恒　摄

❯ 运动 ❮

东湖绿道从建成以来就成了运动爱好者的天堂，2017年12月26日绿道二期开放以后，百公里绿道扣环成网，这里的跑步氛围越发浓厚。

"去东湖绿道跑步吧"，马拉松参赛者平时在家附近跑圈儿，每周一次的加长公里数则来绿道集结。这里还成立了"东湖绿道奔跑联盟"，全年都有"奔跑吧东湖绿道"的系列主题跑活动举行，上万名跑友加入进来，自发组成不同主题的跑团，互相鼓励、比拼。盛夏时节，绿道的风独有凉意，白色鸟群聚集，飞舞在青翠山林间，跑友们恰好经过，自成风景。

路遇一位拥有十多年跑龄的跑友，他亲眼见证了武汉民间跑团由几个发展为今天的几十个，城市跑道也从单一的汉口江滩扩大到东湖绿道。作为组织者，但凡有跑步活动，东湖绿道便是最佳选择。绿道二期开通，更是绿道跑步条件上的优化升级，以郊野道为代表的二期绿道，将对自行车爱好者产生分流作用，更好地保证跑友的安全。东湖绿道，被认为是武汉人的"跑步圣地"。

绿道二期，不仅是一块大然舒适的跑步训练场，更因为路况好，被认为很适合自行车骑行，让铁人三项赛的选手可以在绿道完成自行车相应的体能储备。

图4-14 东湖绿道是运动爱好者的天堂

◇ 绿意随心，美好的潜移默化

绿，代表色彩，也代表生态。

东湖绿道建成前和建成后，对动植物方面的生态改善作用非常明显。华中科技大学距离绿道不远，栗茂腾是绿道的常客，他是华中科技大学生命科学与技术学院的教授，对这种生态上的提升与变化感受尤其强烈。

从游客感受上来看，最直观的是细节的完善。例如，从前湖堤经常是泥土裸露、杂草丛生，或者散落着杂物、乱石，粗放又随意，"东湖绿道建成后，湖堤明显改观，现在有了完整的植被，还种植了亲水植物，比如芦苇或鸢尾科的一些，在视觉上，给人的美感就大大提升了。"栗茂腾说。另外，在植物的选择上，东湖绿道也给了游人更为细心的设计，"现在，花的种类非常多，比如春天有迎春、茶花、樱花、杜鹃，夏季有月见草、桔梗，秋季的桂花、菊花……不同季节有不同的花可以看，色彩很丰富。"

走入东湖绿道，驿站附近的绣球花、步行道边的丰花月季、湖岸的滨菊正在开放，沿绿道慢慢走，不同类型的大小花海不断映入眼帘，姹紫嫣红，一片一片，开得热烈又奔放。

除了这些一眼就可见到的景观，如果再稍微花点时间去观察，人们就会有更为丰富的体验。

"跟从前相比，植物品类明显丰富起来了。东湖绿道建成后，在植物多样性方面的提升，给我的感受特别强烈。"栗茂腾说，从水生到陆生植物，在东湖绿道都能看到。水中的荷花、莲花，临水的芦苇，岸上的花草和灌木以及水杉、梧桐、松柏……植物多种多样，既能让景色富有变化，也体现出了设计者对植物的理解和对东湖绿道植物选择的用心。

东湖绿道沿湖路的两侧，那些高大笔直的水杉，一直构成流传最广的东湖美景，而东湖绿道所拥有的远远不止这些。枝叶伸展的梧桐，有着挺拔开阔的仪态；四季常青的樟树，总是顶着浓郁茂盛的树冠；九女墩一带，松柏林苍然有力，气质庄严；再继续前进，路边、湖中小鸟畅快飞行，随处可遇见刺槐、樱花、夹竹桃，看到枝条上绽放着的白色、粉色的小花……清透的微风里，小鸟啾啾，人与自然之间亲密又舒适。

对于研究植物的专业人士，栗茂腾特别指出，从东湖绿道的植物状态，更能看出规划设计者以及大众在生态观念上的提升。

从前的城市景观通常花木单一，色彩单调，而且植物还常常被人强行"拗造型"，最终的效果平淡又刻意。"东湖绿道建成后，我们可以更明确地感觉到，人们生态观念的更新。"

例如，充分尊重东湖的野趣，花草树木只有种植区域的安排，没有形态上的约束，它们自由生长，姿态万千。

"更重要的是，东湖绿道建立的是一种立体的植物群落。"栗茂腾解释，从地面到空中，从小草、小花到爬藤植物，再到灌木、乔木，每个层面都有植物存在，而它们共同构成了一个小世界。

在这个小世界里，植物越丰富，越容易达成良好的生态。

植物不是一个个单独的个体，事实上，不同的植物与植物之间也有互相影响、互相帮助的生态关联。它们之间的这种关联，恰是植物和生态科学规律的最佳体现。

"植物群落的建立，对于生态管理来说也非常重要，可以说一举两得。"栗茂腾说。如水生植物，除了让水面景色更丰富，还能对水的净化有促进作用。在东湖绿道中，丰富的植物群落尽情生长着，由此为鸟类、两栖类、昆虫、鱼虾都带来更为美好的生活圈。

作为高校教师，栗茂腾笑称东湖绿道让他的教学更便利。"我常常对学生们说，我们今天讲的这些植物，它们的生长，它们对周围环境的影响，大家可以去东湖绿道看一下。"他说，以往不少植物在公园里可能就一两棵，但是在东湖绿道可以成片看到。

丰富的植物，也会激发人们对动植物的好奇心。"比如路上见到一种花，大家就会想知道，这么漂亮的花，它叫什么？然后通过指示牌或上网搜，就能了解它的名字和特点。"

栗茂腾认为，东湖绿道上丰富的植物种类，能够广泛地启发普通人对动植物知识的热情，"大家亲眼看到了，也能从气味上感受到，再进一步去做了解，就会有收获感。"而这种收获感，最终会在人与人之间产生影响，如朋友圈之间，如父母和孩子之间，甚至能帮助人培养起随时学习知识的好习惯。

这一条绿道，将美好的生态环境生动地呈现出来，把科学的生态观念植入人心。

图4-15　东湖绿道的野趣，既在湖水，也在丰富的植物类型｜邹幼勤　摄

⚘ 山明水秀，人鸟常相安

自人类文明揭晓起，鸟类就同人们有着极为密切的关系。

在漫长的历史岁月中，人类总和大自然中鸟儿有着天然亲近的感情，一方面，鸟类维护生态平衡功不可没，灰喜鹊、伯劳、燕子等都是灭虫能手，啄木鸟是"森林医生"，猫头鹰则是捕鼠健将；另一方面，鸟还可以向人们预报生产农时。杜鹃每年三四月飞来南方，其叫声"快—布谷"，似在催促人们抓紧春耕。鹧鸪鸣叫，则兆示当地的农事进入割麦插秧季节。

鸟儿又给人类带来艺术灵感和精神享受。它们美丽的羽毛，俊美的神态，南来北往的迁飞都是文人墨客吟诵的主题，也是古今画家挥毫泼墨的对象；鸟类中的鸣禽类，其鸣声或悠扬婉转，或高亢嘹亮，本身就是一首首绝妙动听的音乐。我国现代民乐中，《鸟投林》《空山鸟语》《百鸟朝凤》等描绘的就是阳春时节百鸟争鸣的动人情景。

在城市灯红酒绿的喧嚣中，我们常常忘了还有这样一群俏丽的精灵，它们轻盈翻飞，或是静静休憩，与我们共享这一方碧水蓝天。但当我们来到东湖绿道，遥望那夜鹭在浩渺长空中成群高飞，静赏那鸬鹚在池杉上亭亭玉立，则无不陶醉于这大自然的盎然生机。

武汉市观鸟协会会长颜军11年来坚持观鸟公益宣传事业，其团队坚持对城市受伤鸟类进行专业救助。近年来，武汉市经历了密集的城市建设和经济的高速发展，颜军欣喜地看到，鸟儿和城市的关系正越来越好。

"犬吠水声中，桃花带露浓。树深时见鹿，溪午不闻钟。"唐代诗人李白的一首佳作，仿若勾勒出如今东湖绿道的桃源景象。在东湖绿道森林道上的"时见鹿"书店门前，颜军感慨："这一片地方太好了！"

春天，书店门前的油菜花盛开了，一朵朵、一簇簇，在春风里盈盈招手，展示其迷人的风姿。有的花还没有谢落，枝杆还是那么柔软，有的才结角，颜色绿油油的；有的菜秆上挂满了沉甸甸的菜籽角，一个个饱胀得马上要破裂。一群群鸟儿在花田里嬉戏跳跃，大饱口福。

在颜军眼里，鸟类具有高度适应能力。在环境的规划设置中，人类只要划出一点点区域，或湿地，或浅滩，或灌木，就能吸引鸟儿前来。油菜籽是很多以植物种子为食的鸟类的偏爱，特别是雀鸟，如鹀。以白眉鹀为例，这是一种在武汉越冬也迁徙路过的少见的鸟，它们生性怯疑，一见有人走过往往立刻起飞隐藏于较远的树间或草下。但当颜军在"时见鹿"书店前的油菜花田观察到白眉鹀，他感到非常惊喜，这是人居绿化和生态工程的完美演绎。

在武汉，星罗棋布的湖泊和湿地犹如散落在城市之中的绿色明珠，万鸟齐飞的景象是繁华都市中的田园牧歌。武汉坐拥5个自然保护区、10座湿地公园，这是武汉市在城市建设中提前谋划、为生态布局的成果。

11年前，颜军开始在武汉东湖以及各处湿地专业观鸟，然而刚开始的情况并不是这么理想。最早，颜军在东湖小潭湖附近观鸟，这里有浅滩芦苇、昆虫鱼虾，仿若鸟类天堂。然而，湖面上也到处支起了渔场渔民设置的捕鸟网。网上挂着死去的红嘴鸥、白鹭、喜鹊……人们并不急于将其取下，而是以此震慑它们的同伴，令其不敢轻易来与人夺利。

人和鸟类进行着争夺资源的博弈，这正是一个时代的印记。从物资极度匮乏的岁月走出来的人们，珍视着自

图4-16 湖泊是地球予以人类的馈赠 | 张斌 摄（上）
崔杨 摄（下）

己每一分辛勤劳作，哪怕鸟儿从中掠取的食物非常有限，也难以容忍。

然而，随着社会的文明发展，人们不再过多地计较和鸟儿的共处。在颜军看来，张网捕鸟的人如今已经极少，改革开放以后成长起来的青年人对鸟儿颇为亲近，而如今这一代的少年儿童更是爱鸟护鸟，童心童趣，视鸟儿为大自然的美丽精灵。

这也和国家富强、观念进步有极大关系。鸬鹚、苍鹭吃池塘里的鱼，大雁、野鸭、灰鹤吃稻谷、油菜等青苗作物，而这些鸟儿都属于保护鸟类。资料显示，2013年，武汉在全国第一个推出"湿地生态补偿机制"——在湿地保护区，鸟吃庄稼政府"赔"。要求保护区内的农民承诺不打鸟、生态养殖，并为鸟儿给他们带来的经济损失提供资金补偿。

对自然环境的珍视，从来没有停止。东湖绿道在规划之初，就将生态先行和环境保护放在最重要层面。在东湖绿道郊野段的芦洲古渡休憩点，观测者通过高倍望远镜，往往能近距离观察到鸬鹚、绿头鸭、红嘴鸥等鸟类，这些鸟类都属于冬候鸟。

图4-17 人与自然的融合
| 黄文瑞 摄

而市民在东湖绿道上散步时，隔三岔五就能看到夜鹭，由于体型较大、姿态优美，常引来不少摄影爱好者到绿道进行拍摄。

夜鹭主要靠吃河流湖泊中的鱼、虾及水生昆虫为生。根据历史研究资料、武汉市观鸟协会保存的观鸟档案记载，十三四年前，绝大部分夜鹭在武汉地区都属夏候鸟，即每年11月到次年2月间，它们在广东或海南等地栖息；每年3月初，就飞回武汉地区繁育后代，直到当年10月份，才迁徙到南方越冬。不过，在冬天来临前，也有部分夜鹭不再长途跋涉。因为在寒冷的冬天，这些夜鹭也能在武汉生存下去。渐渐地，它们就变成武汉的"留鸟"了。夜鹭繁殖能力很强，数量日益增多，如今已是武汉市的常见鸟类，市民在一年四季都可看到它们。

有媒体在2018年专门报道了东湖绿道游客所见的奇观：几百只红嘴黄脚、长有白色羽毛、体形比麻雀略大的丝光椋鸟，聚集在东湖绿道边的树林中，时而从游人头顶掠过，时而站在树枝上东张西望。它们集群从东湖绿道湖心阁景点飞出来，从游人头顶掠过，场面非常壮观。

颜军说，30年前，丝光椋鸟是武汉地区的过境鸟，它们会在河南、山西等省度过夏天，秋季时，它们就会飞往更温暖、食物更丰富的南方地区如广东、海南等地过冬，春秋两季，在飞来飞去的旅行中，途经武汉。如今，丝光椋鸟已成为武汉地区的"留鸟"，它们不再迁徙到其他地方。因为武汉的生态环境越来越好，东湖沿线香樟树数量多、环境安静，更让丝光椋鸟有在此过冬的理由——它们特别爱吃香樟树的果实。

2016年冬天与2017年冬天，武汉市观鸟协会会员曾在东湖观测到个体数量超2000只的丝光椋鸟群体。作为中国特产鸟类，丝光椋鸟被列入《国家保护的有益的或者有重要经济、科学研究价值的陆生野生动物名录》的"三有"动物。

候鸟的停驻让本地观鸟人士感到振奋。武汉地处古云梦泽地带，江河纵横，湖泊库塘星罗棋布，珍稀鸟类是生态环境的指示物种。颜军认为，近些年武汉生态环境持续向好，使得城市的鸟种及数量呈恢复性增长。

2019年4月20日，鸟类摄影爱好者在经开区硃山湖畔抓拍到一只小滨鹬，为武汉市鸟类名录再添1个新成员，武汉鸟类名录已达410种。小滨鹬繁殖于欧洲斯堪的纳维亚北部至俄罗斯北部，在非洲至南亚越冬，在武汉地区属于非常罕见的迁徙过境鸟，此前整个湖北省内都没有观测记录。

时代变迁，人类对大自然的日益珍爱，使我们在今天能重新领略这份来自地球的真实馈赠：生态多样性得以留存和保护，人与自然可以彼此交融，互相给予更好的生存空间。人、鸟、自然和谐共生的画面，正成为武汉这座城市的亮丽风景。

临水远眺东湖，满目清新畅意；闲来漫步绿道，微风和煦悠然。

沿湖大道的水杉林，再也没有汽车的惊扰；藏在"深闺"的落雁岛，也从未如此亲切。东湖绿道是景观，又不仅是景观，无论是一家老少在林荫中悠闲漫步，还是青春跑团在马拉松比赛中恣意挥洒汗水，都是绿道融入市民诗意生活的画面。

在继承城市传统的指引下，东湖绿道塑造出大武汉的公共精神、生态价值和多元文化。借以一条游径对青山绿水进行的空间重构，建立起湖泊、山体与城市的生态关联，让人探知湖山之浩瀚、大城之壮美，感悟悠久历史文化与现代摩登都市的交辉。

将东湖的旷野之息融入游人的悠闲自得中，将东湖的书香楚韵融入城市的文化底蕴中——作为武汉绿色、宜居、清洁、美丽环境的重要一环，东湖绿道在城市发展进程中发挥着无可替代的作用。

因为绿道，东湖不再只是一处游览之地，更是一片城市人的生活之地。如今，越来越多的人选择在武汉投资、学习、居住，世界级的东湖绿道让武汉市民实现了"世界级慢生活"，它将创新、协调、绿色、开放、共享的发展理念变为我们触手可及的生活元素。

东湖绿道是一幅生态人文景观的壮阔画卷，更是人与自然最纯真、最长久的约定。

俞诗恒 摄

◇ 建城市绿心

宋 洁　武汉市土地利用和城市空间规划研究中心副主任，
主持参与武汉市东湖绿道二期、东湖绿心生态规划工作。

武汉市第十三次党代会提出"规划建设东湖城市生态绿心，传承楚风汉韵，打造世界级城中湖典范"，这是对生态公共空间与城市发展关系的重大考量，是助推东湖绿色发展走向世界的重大举措。

2012年武汉市启动的湖底隧道建设，是"东湖绿道"得以规划实施的最好契机。早在2013年，我已着手参与东湖片区整体发展规划，至2017年春天，则全身心投入到东湖绿道二期、东湖绿心的全面规划工作。

东湖绿心规划以打造"城市生态之心、人文之心、融合之心"为理念，激发东湖区域内生活力的生长，巧妙破解了传统景中村改造"一刀切""迁出式"的困局：通过先行打造国际一流的绿道、景观、设施，再加以政策扶持，从而推动景中村改造，增强原住民发展的内生动力，这一规划思路成为提升东湖片区功能与活力的巨大突破点。东湖最原始的自然景观、最纯朴的人文风貌，由此焕发出点亮城市空间的勃勃生机。

黄 焕　武汉市交通发展战略研究院负责人，武汉市自然资源和规划局规划师、
享受国务院政府特殊津贴专家、《武汉东湖绿道实施规划》项目主要负责人。

作为一名规划师，一个地道的武汉人，能够参与东湖绿道的项目规划，我感到非常幸运。

在我看来，东湖之于武汉，就像是西湖之于杭州，甚至有过之而无不及。

武汉东湖绿道规划历经3年，绿道贯穿武汉重要功能区，连接大学、文化中心、湖泊、丘陵、郊区等重要公共空间，形成绿道网络体系长度超过100km，串联起山、水、林、城，为城市提供了一处呼吸清新空气、亲近清澈湖水、享受清静环境的生态休闲空间。

东湖绿道规划的核心是建立公众参与的在线平台，探索公众参与的途径，让人们真正参与规划决策。基于此，武汉东湖绿道开创了全国首例"众规网上平台"，实现全过程公众参与。

此外，武汉采取果断的决策，用绿道的形式将这一城市公共空间还之于民。东湖绿道鼓励绿色出行，取消机动车通行，还路权于民；建成后串联东湖听涛、磨山、落雁等景区，免费开放核心收费景区，形成连续可达的开放空间；退渔还湖，还湖于民，恢复生态，打造生态友好的公共空间，这些措施使得东湖绿道成为深受市民喜爱的城市公共空间，而最让人欣喜的是，"深入湖边，走向山林"已成为武汉市民的都市休闲方式。

造精神家园

亢德芝　武汉市土地利用和城市空间规划研究中心江南分中心部长，
《武汉东湖绿道实施规划》项目主要负责人。

幸福是什么？是孩子们在青草地绽放稚嫩的笑脸；是健跑者掠过美景时风的耳语；是银发老人携手相伴共赏湖光夕阳……当青年人在辩论节目中发出"21世纪谁不孤独"的质问，我们规划人所做的，或许正是创造出这样美好的公共空间：它以浑然天成的自然景观和卓越精良的人性化设计，为公众提供了一处享受生活愉悦、感触人生风景的精神栖息地。

东湖绿道也印证着20世纪中叶凯文·林奇在其经典著作《城市意象》中所描述的，城市环境与人类主观感受的关联。人们来这里"打卡"、拍照、发圈，领略着对城市空间美的体验，感动于友情、爱情与亲情的温馨，焕发出积极向上的蓬勃生命力，大家对这片水土的呵护和珍视之情也因此油然而生。生态环境如此影响人的精神风貌，"生态兴，则文明兴"——这也正是东湖绿道的伟大之处。

东湖绿道的战略定位，更有其跨越时空的远大意义。它让我们无愧于时代的托付：东湖水岸的边界线在此被划定，沿此边界新栽植了5.2万多株乔木，遥想百年之后，这里湖光依旧、绿树成荫，何其蔚为大观；它为我们助推了城市空间的变革：激活了区域内百万学子、高校科技创新的基因，带动了包含建设长江生态廊道在内的有关城市生态修复、环境保护和绿色发展的新课题。

东湖绿道的诞生，让东湖走向了世界，更让我们走向人类命运共同体更加光明的未来。

团队剪影

柳应飞
《武汉东湖绿道实施规划》项目主创。
用脚步丈量过东湖，才知道它如何美好，方能以质朴之心倾以全力去完成规划。

曹玉洁
《武汉东湖绿道实施规划》项目主创。
规划中有团队协作，有跨部门协调，有项目运营，我们见证了规划蓝图的实施与落地，看见理想照进现实。

洪孟良

参与《武汉东湖绿道实施规划》一期、二期规划。

从第一次现场骑行的颠簸泥滑，到绿道建成后的畅行优雅，为参与武汉的成长自豪。

李梦晨

参与《武汉东湖绿道实施规划》一期规划。

东湖绿道不只是东湖的绿道，更是城市绿道的一部分，是城市公共空间的组成部分。

张汉生

参与《武汉东湖绿道实施规划》一期、二期规划。

东湖绿道促进我们与外地团队的交流和学习，不断完善未来的规划工作。

成伟

参与《武汉东湖绿道实施规划》二期规划。

东湖绿道让住在东湖深处的人出行更加便利，让远离东湖的人更加亲近它。

张杰

参与《武汉东湖绿道实施规划》二期、三期规划。

在这个重要的规划项目中，在与合作部门的持续磨合里，我们共同进步、一起成长，建设更好的武汉。

俞耀

参与《武汉东湖绿道实施规划》一期规划。

从每个路人的口述中了解东湖历史，用规划的手串联东湖故事，记录在88km^{2}的水域里。

张琳莉

参与《武汉东湖绿道实施规划》一期规划。

东湖绿道一期规划至今已五年，我们不断尝试规划创新，搭建"众规平台"，走专家与群众相结合的"双轨"路线，始终关怀市民利益。

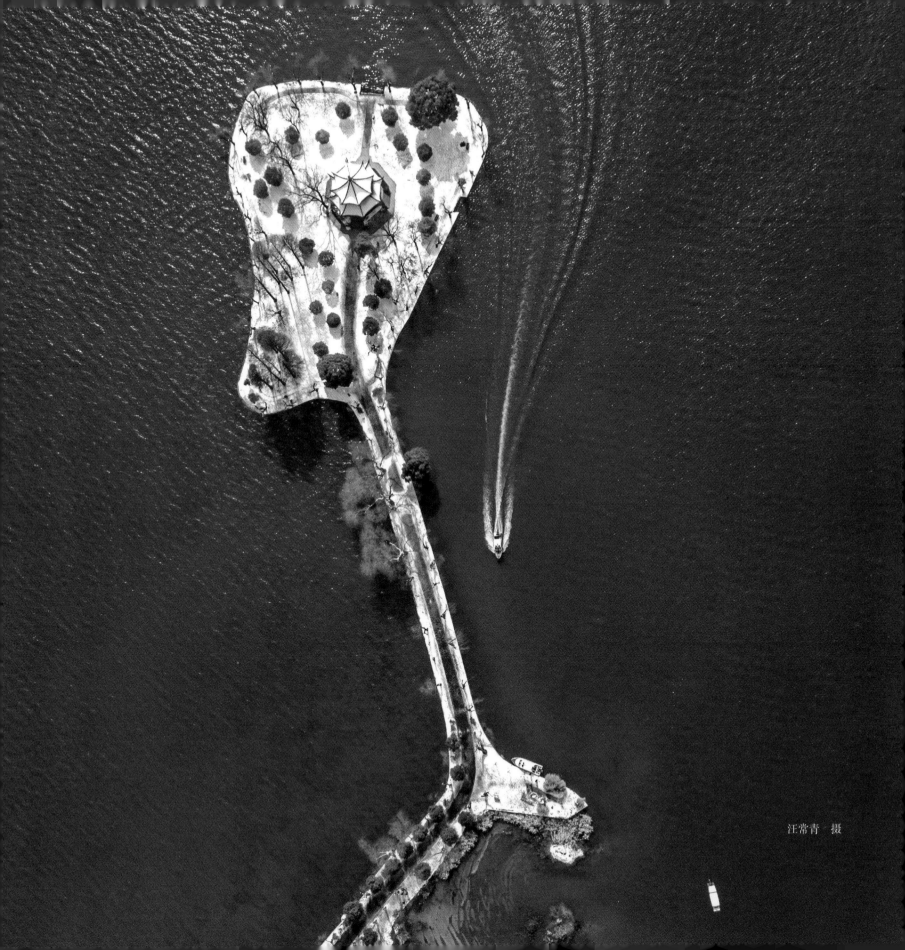

汪常青 摄

城市生态系统

严国泰　同济大学建筑与城市规划学院景观学系教授

—— "东湖绿道是系统性完整的城市生态系统，是精神文明与生态文明的上佳体现。"

从园林景观的角度，以及从地理位置、城市风貌的角度来看，东湖绿道的系统是完整的，功能是完善的。东湖绿道与东湖国家级风景区重叠，拥有湖山湿地，是城市的天然绿肺，它一经建成就成为居民康体健身的重要场所，顺理成章，武汉有东湖，东湖有绿道。在我看来，拥有这样一条高质量的绿道，是武汉市民的一种幸福。

随着城镇化的进程，社会、经济水平的不断提升，人们对城市生活的需求从最基本的吃住行开始转向对精神、健康的追求。在很多城市，包括中小城市，每天下午4点到7点这三小时里，在街头林荫路或公园里行走的人特别多，不管是健步走还是散步，越来越多的人会在一天里匀出时间来做做运动。

行走可能是适用度最广泛的运动方式，不限年龄、不限装备，是人人可参与的健身方式。大量的需求由此产生，因此，现在很多城市都在兴建绿道。对一座城市来说，绿道能满足人们的健康需求，同时它也能串联起植被空间，美化环境，连接绿色生态系统。

在繁忙的快节奏的城市生活里，人们需要绿道这样的慢行系统，让自己慢下来。这种快与慢的相互调剂，是人类生活的重要组成。绿道的出现，既迎合了人们的身心需求，也是社会进步、人类生存状态越发完善的体现。

东湖绿道的独特之处。首先她是城市"绿心"，相当于城市的"中央公园"，是整座城市的生态内核。东湖绿道，则是由这一内核向外辐射、延伸的景观与生态系统，它将养眼的绿色、舒适的环境、优美的景致向外扩散，传递给每位市民。

东湖的绿道建成后，东湖旅游量明显提升。东湖作为一个风景区，面积很大，以前人们来东湖游览，大家以观光为主，一般就是远眺近观；或在湖上划划船。绿道建成后，东湖栈道连接着湖、岛和湖中景观及湿地风貌，人们有多种途径能够方便地融入湖景中。人在景中，东湖的游玩形式从观光旅游上升为体验型旅游并且朝着康体健身旅游过渡，人们通过东湖绿道系统，体验到的不仅是城市的湖光山色，更是体验到了自然界的湖泊湿地及其生态环境；人在景中，东湖美景成为人与自然交融成一体的不可或缺的生态环境，成为人们康体保健不可或缺的健身场所，所以旅游量上升是个必然的趋势。

东湖绿道的规模很大，在设施上还可以做得更细致。例如，在绿道系统的区间设一些保健站点：可以为健步走、跑步、骑行的人，测一下血压、心跳，指导健身者合理地进行康体健身；或者为感觉疲倦的健身者设置休息场所，给他们科学合理的步行时速建议；还可以在不同区域内设置标志性标杆，当游客需要救援时，就很容易找到他的方位，报出标杆的编号，便于管理部门尽快地找到该游客；另外，东湖绿道是环东湖的，需要增加便捷快速的通道，可以通过快艇来实现，有利于快速救援。

目前我国的大型城市，由于人口众多、经济又高速发展，城市面貌变化很大。摩天高楼多，容积率高，人口密集，成为现代大都市的标准特征。但是当城市经济发展到较高水平，城市人口会出现负增长的趋势。城市空间的品质不再是高楼大厦，而城市生态将会受到越来越高度的重视。在我国的江浙一带，便已看出了这个端倪，在江浙的环太湖地区和杭州的西湖地区建筑就受到一定的限制。尤其是这些地区的风景名胜区周边，建筑融入自然，层高和谐风景已成为该地区人民的共识。

东湖绿道引领了武汉这座城市的精神文明建设。东湖的绿道，串联起武汉市的一个个或大或小的绿色斑块和廊道，点、线、面相结合；城市通过一个个社区的袖珍公园，城区的区级公园，博物馆、图书馆的文化公园，一片片面积不等的防护绿地，一条条道路系统的行道树绿荫带，加之城市天然河湖的滨湖、滨河绿化带，构成了城市人与自然和谐共存的生态系统，勾画出人类社会朝着物质文明和生态文明和谐共生的社会生态文明发展观。

图5-1 东湖绿道给予人们走入自然的机会，从观光上升为体验 | 俞诗恒 摄

⬡ 城市的弹性空间

黄亚平　华中科技大学建筑与城市规划学院院长、教授、博士生导师，全国首批国家注册规划师

——"城市的主体归根到底是'人'，东湖绿道满足了人们对美好生活的向往，增加了东湖风景区的整体性、宜游性、开敞性与生态性。"

世界各国都普遍将城市创设绿道系统作为步行游览空间，绿道为城市提供了一套慢行系统，它正在悄然改变人们的生活。

随着社会、经济快速发展和人民生活水平不断提高，中国已经进入机动化快速发展阶段。21世纪以来，我国兴起绿道建设，各大城市相继提出绿道规划，一批设计精致、景观优美、与生态环境和谐的绿道展现在人们眼前。

由于现代城市车道拓宽和升级，机动化发展不断挤占人行空间，而建设绿道正是对城市机动化发展的应对方式。绿道的出现为高密度的城市提供了弹性空间，为居民的休闲活动提供了充足场地。

当然，城市的主体归根到底是"人"，所以现代城市的建设更要强调"以人为本"，绿道建设在很大程度上提升了城市人居环境的品质，满足了人们对美好生活的向往。在城市中建设绿道，就是把点和面的绿色升级为网状的绿色，让互联互通、开放共享成为绿道的主要特征。绿道不仅是一条路，更应该是一张网，让"绿色"能一望无边。

东湖绿道建好后，我通过步行和乘电瓶车的方式游览过多次。从游览者角度来看，东湖绿道最显著的特点是"增加了东湖风景区的整体性"，首先，从前的景区多属分隔状态，往往需要绕行才能到达，而绿道就像一张网，把景区串联成为一个整体，通过绿道系统基本可以到达任意景区，这让东湖联动性有了很大改善，使得人们得以发现东湖各个角度的模样；其次，过去车辆穿行让人觉得不够安全，东湖绿道禁行燃油燃气机动车辆的举措，让人不再担心交通问题，无形增加了东湖风景区的宜游性；再次，东湖绿道增加了开敞性。过去大量车辆进入东湖随意占用空间，造成公共开放空间不足，而现在这些交通空间都转变成了休闲空间；最后，增加了生态性。因为东湖绿道建设过程还涉及对周边环境整治修复的环节。通过东湖绿道重大工程建设，实现了建设、环境双赢的局面。

从规划师的角度来看，东湖绿道有几个特点。首先，理念先进，强调以人为本、保护优先。它在规划建设中借鉴了世界著名都市绿道系统的经验，如参考纽约高线公园，强调绿道与城市生活的融合，与文化艺术的融合；其次参考波士顿绿道，强调绿道不单单作为线性空间，而是串联城市本身的地标性景点，构成城市功能廊道等。

在规划思维上，注重了两个结合：一是与城市的整体功能格局相结合，不同景观区域有不同的"道"，也注重了周边的衔接；二是与整个东湖风景区内部功能区域相结合。在规划内容上，注重彰显文化特色，每段主题"道"鲜明结合了每个区域文化主题，功能差异化的错位发展非常突出。

能够全面结合城中湖与名胜风景区，可以说武汉开启了全国大规模绿道建设的先河。东湖绿道本身系统完

东湖绿道规划与实践

整、类型多样，做到了与城市功能布局的有机衔接，在全球绿道范围内也称得上典范。

对武汉市来说，没有哪个景点能够替代东湖绿道，它提升了东湖的品质，同时是整个东湖生态绿心建设最关键的一环，打造了武汉的城市品牌。绿道的出现为高密度的城市提供弹性空间，为居民的休闲活动提供充足场地，不断打造出理想的人居环境。

首先，现代城市的规划建设，应该有机协调自然景观与人造建筑。在城市空间结构上，要注重历史开放空间系统的构建，如果城市只在乎密密麻麻的建筑，就会忽略人文环境，所以绿道就是整体结构中一个完善城市历史开放空间的系统；其次，要注重原有山水林田湖草的保护，其中对山水格局的保护，更是在城市保护中属重中之重的领域；再次，需要注意控制城市景观视线视廊，如你站在黄鹤楼看远处，不被挡住视线，因为黄鹤楼周围严格控制了建筑高度；最后是城市人工建筑布局要注意疏密有致、丰富多样。另外，还要注重塑造城市建筑本身的风貌特色，避免"千城一面"，建筑本身也是城市中的景象。

图5-2 东湖绿道营造出理想的人居环境城市绿道不仅是一条路，更应该是一张网，让市民体会到"绿色"能一望无边
| 俞诗恒 摄

◇ 城市美好生活圈

郑德高　中国城市规划设计研究院副院长

——"如果评比一次中国最美绿道，武汉东湖绿道一定是重要的竞争者。"

时代变化得比我们想象的更快，城市规划也进入到一个新时代，更好生活质量与更高生活需求的匹配度成为城市成功的关键。大城市更有活力的原因之一，正是生活质量与生活需求之间的匹配度的提升。

绿道是一种公共产品，跑步是现代人的一种生活方式。城市提供高质量的绿道是城市生活品质提高的重要标志，目前绿道已经成为城市生活质量的重要方向标。好的绿道就像好的公园，是能体现生态效益、社会公平，甚至经济效益的。

上海既关注打造卓越的全球城市，也关注"15分钟生活圈"，并且迅速实施并形成了"15分钟生活圈"的导则，在理念和实践上双重推进。全球城市的建设和老百姓的获得感联系并不算紧密，就像人均绿地、人均绿道等元素都只是数字概念，但要求每个区增加多少公里的绿道是可以测量的，15分钟内的设施可达性也是能被老百姓直接感知的。

武汉东湖绿道的作用与之相似，核心思想还是要回归人的视角，应对人的诉求。对于高楼林立的城市来说，"绿色"有时仅仅是指绿化带，"能看见"却"走不进"；有时是公园，"走得进"但路又有点远。如今，上海绿道建设让绿色就在"家门口"，绿色"看得见"也"走得进"，整座城市都被绿色串联。

在上海，我基本都会选择在家门口的绿道跑步，而且感觉跑步的人挺多，老人、年轻人、小孩，各个年龄段的都有。上海提出建设"15分钟生活圈"，"绿色"出现在家门口，这些让老百姓能切身感受到，有直接的获得感、幸福感，城市规划和建设的目的也在于此。

今年来武汉，我在东湖绿道上体验过一次骑行，穿湖而过，绿意蓬勃，视野极其开阔，确实如沐春风，我想，国内是不是可以评比一次中国最美绿道，武汉东湖绿道一定是重要的竞争者。

每个城市绿道都有自己的特点。维也纳多瑙河边的绿道没有过多的雕琢，甚至有点荒芜之感，体现出一种"自然之美"；上海黄浦江绿道品质很高，在闹市中可以滨水眺望城市，可以在跑道上挥汗如雨，在城市中心有这样的绿道是非常难能可贵的，更多体现了一种"时尚之美"；杭州西湖绿道则注重了山、水、城相互融洽，走在这样一种绿道上，心情舒畅，体现出一种"和谐之美"。

城市中央能有连片湖与山的地方并不多，东湖是武汉的特色之一。要让东湖发挥更大作用，就是要把它变成人能够经常来体验和感受的地方。城市应更多地提供这种产品。用绿道串联起东湖，为老百姓提供更可达、更完善、更生态、更包容的公共休闲空间，使公众能够便捷地走进大自然、享受大自然。规划师对城市规划的基本理论已是了然于心，但各种理论的根本是为人创造一个有活力的城市，要秉持人本主义，实事求是，以人民为中心。凡是脱开人的规划理论只能兴盛一时，无法长久。

目前东湖绿道拥有7条主题景观道，多样并且有规律。希望武汉以东湖发展为范本，让更多的滨水空间可以通过绿道串联起来，让绿道成网，成为老百姓日常可以体验的一种生活方式。建设城市绿道，其实是对城市未来发展的造血过程。从短时间看，修建绿道可能意味着牺牲一部分建设空间，消耗一定公共资金。然而，一座城市的发展潜力，不仅要看这些数字，还越来越取决于生态环境的友好程度，绿道为城市环境升级再造埋下伏笔。

图5-3 绿道让东湖与城市融合共生｜俞诗恒　摄

姚崇怀　华中农业大学景观学专业教授

———"东湖绿道是近年来武汉建设的世界级的绿色空间作品，是一个真正将山水林田湖草与城市系统完美结合的代表。"

随着城市的发展，人与自然的相互作用也越来越强烈，人们更渴求良好的生态环境。过去传统的城市建设模式对自然的干扰、破坏明显，城市发展到一定程度后，如何破解这一局面，让城市人群能够品味自然、投身自然，无论对城市的管理者、决策者还是普通市民，这都是必须面对的课题。

人们兴建公园、绿化街道，但直到绿道的出现，才通过带状系统把相关的各类自然元素真正串联起来，给予人们一个生态系统的全方位感受。

武汉素有"大江大湖大武汉"一说，东湖绿道的存在打通了人与自然的联系关节，克服了人与自然互通的障碍，整体上带动了城市风貌与人们生活的品质提高。

我认为，东湖绿道对武汉这座城市有四大作用：一是优化了提高整座城市的绿色开放空间系统，东湖绿道形成的城市绿色框架结构清晰、功能明显。二是在东湖风景区的基础上创建的东湖绿道，是真正意义上的人们可以投身其中的世界级绿色空间，我们可以看到，东湖绿道建成后，绿道人流如织，四季不变，而且覆盖到所有年龄层，不管老人还是孩子都可以参与其中，从全民共享的角度来说，东湖绿道的作用超过了所有的公园和景区。三是它开创了我国以湖泊为主生态修复的良好范例，在东湖绿道的建设过程中，还包括污水处理、岸线升级、绿色彰显等工作，让东湖的水质变好、生态得到优化。我们可以感受到的是，水色变清朗了，水鸟鱼虫都变多了。这样良好的生态环境，也对人们产生潜移默化的影响，人们的生态意识明显提高，如在绿道这么多游人的地方，少有人乱丢垃圾或设施被破坏的情况，这说明，在好的环境里，人也会更容易懂得珍惜。四是东湖绿道将东湖一带原本零散的人文与自然景点有效串联，形成一线串珠的效果，让整个东湖地区有了完整的概念，形成了一个体系，真正达到了1+1>2的效果。

从景观效果的角度，东湖绿道有三大亮点：一是驿站不仅提供了休闲服务区，还与周边环境搭配得当，相得益彰；二是原风景区中的景色亮点如今得到了更好呈现，如湖中道的池彬林、行吟阁一线，成为非常有意境的天际线；三是郊野道建设有特色，真正做到了虫飞蛙鸣、鸟语花香，呈现村庄与湖水互相映衬的优美形态。

这些亮点和优美的呈现，得益于东湖绿道规划评审过程中的一次次热烈讨论。评审组的专家来自不同地方，对东湖和东湖绿道有不同的想法与期待。例如，对于湖中道的宽度问题，是加宽还是保留原来宽度，如果加宽是填土筑路还是加建栈道，道路从规模到方式都进行过探讨；风景区中的小村落，是保留还是搬走，保留多少，这中间也有取舍；绿道上的驿站采用什么风格，是国际未来感、山水园林风还是体现人文的沉淀？再如，局部岸线的植物种类如何调整……正是这些不同观点的反复碰撞，最终整合，才形成了我们今天看到的东湖绿道。

对大武汉这样体量的城市来说，在未来建设中，城市规划者可以从东湖绿道的范例中获得很多有益的经验。从理念上来说，能真正做到人与自然的和谐，做到生态优先、以人为本，东湖绿道是贯彻得比较好的。此外，在大尺度的天际线优化上，东湖绿道也提供了好的先例，武汉的"一江两岸"正在升级，如何让城市在视觉呈现上不呆板、富于变化，如何有韵律、有魅力，都可以从中借鉴。再有很重要的就是在规划建设中，将生态、环境、景观等因素整合起来一起思考，而不是各想各的，要从总效益上进行取舍平衡，东湖绿道在这方面有非常好的实践经验，可以供其他项目借鉴。

图5-4 山水林田与湖草都可与现代城市共存｜俞诗恒　摄

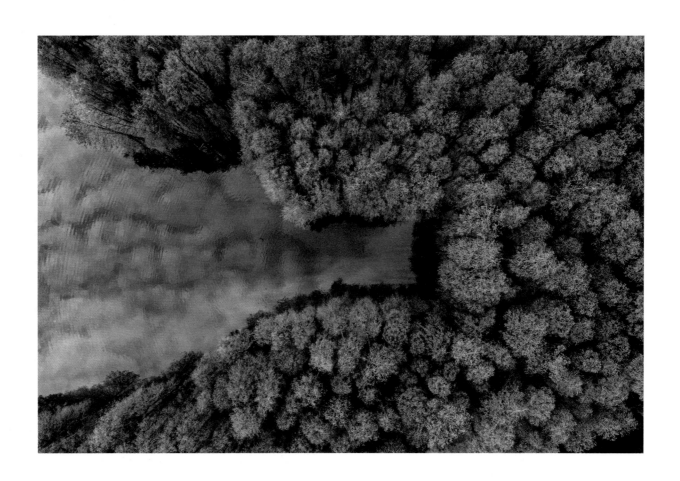

现代城市样本

孟勇 武汉园林绿化建设发展有限公司总经理、董事，教授级高级工程师，获部、省、市级设计奖40余项，主持"第十届中国（武汉）园林博览会设计"。在任武汉市园林和林业局总工程师期间，曾多次参加东湖绿道设计评审工作，曾指导武汉市园林院参与东湖绿道的具体设计工作。

—— "绿道是城市理想蓝图的起点。"

在我们的专业领域，那里有景观、街道、城市、生活的元素，有时间和空间发展的内在轨迹。未来的都市绿地系统如何与交通更好地结合，园林景观的未来在哪里，北上广及西方发达国家同行们在做些什么？

2004年，"世界风景园林大会"在美国明尼苏达州召开，全球最为杰出的优秀园林风景设计作品在此集中展示。当年的园林人由此产生思考：世界级的大咖为何选择相聚在这样一座滨水城市？或许这正是闻名世界的明尼阿波利斯绿道带来的效应。

与武汉的地理特征极为相似，明尼阿波利斯拥有丰富的水资源，城中有大小湖泊22个，其中绿道全长443km，以西南部"湖链区"为代表的绿道景观，其中包括遗产遗址、绿色植被、滨河节点、特色建筑等精妙设计，也因此被评为美国十大绿化最成功的都市之一。这或许是与经典的波士顿"翡翠项链"有别之处。"什么时候，我们百湖之市武汉也能拥有这样一条亮丽风景？"当年的我是这样期冀着，或许也表明了武汉的专业从业者在那个时代的心声。

十余年来，国内以珠三角为代表在绿道规划和建设上付出了诸多实践，武汉绿道总体规划、东沙湖绿道、江夏区环山绿道、蔡甸后官湖绿道也相继亮相。对武汉何时能建成国际化的品质绿道，我们始终是满怀期待。

至2017年，东湖绿道一经亮相就受到了全民热捧，成为获得最多圈内关注和同行认可、品牌宣传效果最显著的绿道，毫无疑问为武汉市增加了一张靓丽的文化旅游名片。

东湖绿道与明尼阿波利斯绿道如此相似——与城市交通系统具有良好的联系和可达性，整条风景道很好地整合了东湖的风景资源，使近80km²的"绿宝石"很好地镶嵌在城市里。绿道的景观再造与功能提升也带给人良好的体验，将分散的资源聚拢起来，规模效应使资源潜力获得了扩大和提升。

15年前的期盼得到了答案，东湖从未像今天这样和城市联系在一起。

一方面，我们见证着武汉市地空中心的规划方案在众多竞争方案中脱颖而出：以"众规平台"征集公众意见为依据，最大限度地体现出市民心目中的需求。同时，对标国际先进理念，从线路选型、服务设施、景观营造等诸多方面，提出了落地性很强的规划设想。

另一方面，我们也身体力行地参与着东湖绿道的建设实施：梅园广场处的观景平台，堪称最佳夕阳观赏点，在建议下加长了一倍；万国公园节点的遗留土坡，在据理力争下得以保全，形成高低起伏的趣味坡地景观；紧邻

按文

东湖绿道规划与实践

平行高速铁路一段，按新的设想建了能与高速铁路进行趣味PK的"赛跑道"。

东湖绿道正是一个良好的开局。此后，江城将出现更多的绿道地标景观：环汉口绿道将张公堤、汉江、长江主轴左岸大道、府河生态廊道等自然人文景观串珠成链，比纽约高线公园长7～8倍的废旧铁路改造绿道将右岸大道、武昌城市中心与青山区生态系统连接起来，东湖绿心通过开发区绿廊与南部新城的湖泊、湿地、森林有机串联……

在对武汉的理想蓝图中，城市绿道要穿过钢筋水泥的城市到达城外山水林田湖草生态系统；同时，城市交通更需要利用好绿道系统，慢行和街道化应该是现代城市道路设计的样本，是解决交通拥堵这个"城市病"的一剂良药——道路拓宽建设早已空间有限，机动车拥堵的困局不应该以无限扩建道路的手段来减缓。

按照生态园林城市标准，城市道路80%以上将是林荫道，理想的城市绿道将利用这些资源，将纵横交错的街道连成网络：在林荫庇护的城市地面空间，新能源汽车、骑行者、步行者各行其道，书店、博物馆、商店甚至美食店都是理想的驿站，各类交通组织有序连接，整座城市成为无边界绿道的载体，舒适性、安全性、服务性、生态性兼具的绿色城市交通体系得以最终构建。

图5-5 绿道助力武汉向生态园林城市迈进

戴菲　华中科技大学建筑与城市规划学院景观学系教授、博士生导师、系主任；国家自然科学基金项目通信评审专家、中国风景园林学会女风景园林师分会委员，出版著作《绿道研究与规划设计》等。

> ——"东湖绿道是对武汉最美资源的巧妙重组，期待绿道辐射面的扩大，为武汉带来更恢宏的格局。"

　　绿道与中国古典园林有千丝万缕的渊源。中国古代的绿道思想可以追溯到2000多年以前。从秦朝开始，国道上就已经沿着道路植树，至唐朝都城长安道路上种满植被，再到我国著名的《清明上河图》中体现的沿河种植树木的场景，既起到绿道效果，又为行人提供休憩场所。

　　西方在借鉴中国古典园林设计手法上，创造了自然风景的城市公园，传入美国后发展成了公园系统。在普遍认识到生态的重要性后，结合生态保护和游憩功能的现代绿道诞生了。现代绿道的整体发展经历了三代演变：第一代绿道是工业革命后在巴黎改建的公园道、林荫道、景观道，还有获得"翡翠项链"美誉的美国波士顿滨水公园等；第二代绿道则出现在20世纪初，以人们使用、游览、骑行等为目标，沿城市滨水区和山际线打造的人车分离绿道；第三代绿道则是20世纪70年代后，随着对生态环境的注重，在可持续发展前提下，以生物栖息地的串联、生态廊道的构建为目标的生态多元化绿道。

　　绿道的英译"Green Way"，Green所定义"绿"和Way所定义"道"自有其概念和内涵，二者不可分割。武汉东湖绿道就正是对绿道定义的直观诠释。

　　在"绿"的定义上，东湖绿道将武汉最优秀的自然资源、最美丽的景观环境进行了有机串联和完好保护，如山林、湖岸以及野生动物、植物等，当公园景区被绿道网格连接，其维护城市环境的功能便得以提升，这意味着绿道自身既具备绿地的属性，同时也兼备净化环境、调节气候、降低噪声污染等功能。

　　在"道"的定义上，东湖绿道改变了人们的出行乃至生活方式。一方面，东湖绿道实现了行人与机动车的分离，绿色、环保、健康、步行和骑行已经被公认为是有益身心的出行方式。另一方面，东湖绿道改变了公众到达东湖的目标和频次：从来东湖游玩，变成了在湖边生活；从过去每年去一两次东湖观光游览，变成了日常频繁出入的活动空间。东湖绿道成为公众亲近大自然美景，感受多元城市空间的最佳途径。

　　在武汉市生态保护和绿网规划上，更是由东湖绿道引出了全新的思考。东湖绿道的成功，使得武汉东湖走进了全球规划领域的视野，让东湖多次名扬海外。今年华中科技大学建筑与城市规划学院景观学系与武汉市园林建筑规划设计院合作的"东湖绿心生态修复规划"，成为2019年度IFLA亚太区获奖项目。不同于过去生态修复工作往往在环境恶劣的区域开展，这次我们在5A级风景区来做这样一个规划，关注农林渔用地的改造、水污

蝶变——东湖绿道规划与实践

染治理、湿地建设、驳岸硬质化改造以及山体修复……这也是东湖绿道的前期成功，带来的有关后续生态发展的思考。

在中央号召生态文明建设的大背景下，通过丰富绿色斑块，构筑城市绿道生态网络，无疑是有效的城市发展之路——通过科学合理的规划将城市中的公园、街头绿地、江湖水岸等以绿道形式有效地串联起来，组成一个绿色景观结构体系。

由此我们畅想，有一天东湖绿道延伸辐射到沙湖区域，通过生态廊道将其串联起来，从全局体系上看，那将是比波士顿的"翡翠项链"尺幅更宏大、影响更广泛的绿道体系。

美国著名规划师、教育家麦克哈格曾意味深长地反问："为什么我们的城市建设不能保护有价值的植物群落和动物栖息地，为什么我们不能利用这些自然的生态环境和构建城市的开放空间？"

改革开放以来，中国经历了高速的城市发展，城市建设上也面临着诸多问题，其中城市生态系统的薄弱，正是目前急需解决但又需要通过长期努力才能解决的问题。今天我们回顾来看，东湖绿道就已经在尝试回答麦克哈格的提问。东湖绿道在武汉这座滨水大城体现的正是"利用自然生态环境构建城市开放空间"这一了不起的尝试。无疑，东湖绿道为城市绿道网格的系统建设画上了最为浓墨重彩的一笔。

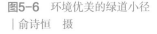
图5-6 环境优美的绿道小径
｜俞诗恒　摄

⬡ 生活共享平台

罗巧玲　武汉大学城乡规划系教授。近年来致力于城市生态保护规划与管理研究，将城市生态用地根据内部不同生态特征特质进行分级、分类，以拟定出更细致、针对性更强的管理保护方法，让生态用地得到更好的保护。

　　——"作为城市绿心，东湖绿道是武汉市最好的民生工程，也是市民生活的共享平台。"

　　我很早之前读孙中山的《建国方略》，"至于中国铁路既经开发之日，则武汉将更形重要，确为世界最大都市中之一矣。所以为武汉将来立计划，必须定一规模，略如纽约、伦敦之大。"中华人民共和国成立之前，武汉就被定位于世界城市之列，这几年要把武汉打造成世界性城市的动作则更加明显。

　　印象中，武汉今年来了很多优秀的设计团队，如世界排名前三位的景观与建筑设计公司Sasaki，他们与OMA和Gensler合作，公布了武汉长江江滩改造规划，探讨城市与河流间长达数个世纪的共生关系，利用长江动态的雨洪潜力来培育丰富的地域生态，为人们创造有活力的休闲体验，这都是世界性的城市会关注的问题。一座城市，除了经济的高速发展，还需要一个文化展示的平台，拥有高品质的绿化空间，能承载国际性的大事件。

　　东湖绿道是武汉成为世界性大城市的好契机。

　　2017年武汉马拉松，赛道经过东湖绿道，社会效应很快就显示出来。而在这之前，武汉其实差一个能让世界认识并把文化实力对外展示的空间。"一围烟浪六十里，几对寒鸥千百雏"，东湖有得天独厚的自然生态，楚文化是中华民族古代文明的重要组成部分，周边还有美术馆、博物馆、大学、创新企业，东湖绿道可以承载起荆楚文化展示的平台，承接起武汉未来成为更具竞争力、更可持续发展的世界城市的目标。

　　我在芝加哥待过一年，密歇根湖畔的绿道很打动人。芝加哥Downtown在密歇根湖畔，湖边有千禧公园、海军码头、华丽一英里的美景，还有著名的博物馆、科学馆、艺术馆，整个沿线长33km，湖边岸线最宽的地方能达到500～1000m。在季节最适宜的5～8月，特别多世界性的文化活动集中在这儿举办，千禧公园夏季音乐会、格兰特公园音乐节、芝加哥爵士音乐节、芝加哥建筑会展等，成为芝加哥文化的缩影。

　　东湖绿道作为武汉地标性景点，也让越来越多的家庭和儿童聚集在这里，梨园与华侨城片区是跟城市结合比较紧密的区域，现在经常举办活动，它让人们跟城市有了更多的互动，对城市活力、城市形象品牌的营造起到非常重要的作用。

　　之前人们说去东湖，会当成一个事件、一个计划，规划为一处处具体景点，而现在绿道变成生活的一部分，大家频繁地前往，随便走走，并不局限于赏梅花、樱花，也没有固定的目的地。说东湖绿道是武汉市最大的民生工程毫不夸张，它提供了很好的开敞的城市公共空间，是市民生活的共享平台。

东湖绿道在设计时，对驳岸、廊道、生物所需的生境都做了详细的调查研究，尽量使用跟自然结合较紧密的设施，所以我们看到它对岸线的处理手法很柔和。例如，针对驳岸，不用水泥直接做护坡，而是考虑了生物多样性的特色，水生植物与岸生植物相结合，湖中有芦苇，局部有汀步、亲水区域，缓慢的坡道引导，小孩能抓蝌蚪、逗青蛙。这对生态环境、生境的营造都考虑得很周到。

当我站在城市规划者的角度，会说东湖绿道不仅是城市未来发展的方向，也满足了市民的需求。当我从普通市民的角色出发，会流露出浓郁的私人情感。我从武汉大学毕业，目前在学校任教，东湖就在我学习、工作、生活的范围内，我喜欢从风光村进入绿道，视线中一边是开阔的自然环境，另一边城市的天际线隐约可见。

图5-7 人们在饭后踱步至此，只为看一眼东湖的落日
｜俞诗恒 摄

以摄影之眼

国际自然专业类摄影大赛全满贯摄影师袁明辉在三年时间内，就拿到代表国际最高赛事水准的美国国家野生动物摄影大赛（NWF）、英国国际园艺摄影年赛（IGPOTY）、世界最佳自然摄影奖（Windland Smith Rice）和BBC国际野生生物摄影年赛（WPY）的奖项，被人们称为"King of Distance"。

他拍摄大自然里最平凡的生物，青蛙、蜻蜓、阳光、水滴、植物的卷须……却用独特的视角、精妙的构图引导大家重新认识世界。翻看他的获奖作品，大部分都有"东湖·武汉市·中国"的拍摄地点标注，"我百分之九十九的作品都来自东湖"，袁明辉说。

从2001年开始拍摄城市里的野生动物，袁明辉就把镜头对准了东湖。他住武昌，拍摄初期也去解放公园、中山公园里转悠过，对比之后更加知道东湖的生态环境是其他地方无法比拟的。十几年间，东湖的变化、变化中植物与野生动物的关系、小虫子的一举一动都被他收纳到镜头里。如果仔细整理、按照年月排序，能汇编成一本东湖野生动物图册。

所以，当前年媒体报道出林木专家的言论"武汉还没有被美国白蛾入侵"时，他默默翻出了更早时候在东湖荷园附近拍到的美国白蛾，范围不是特别大，但每年去都能看到那一点面积。长期泡在野外，才能了解自然界在发生什么。

就算是常见的蜘蛛、蜻蜓、豆娘也得去树林里寻找，找对了地方，四处都是。袁明辉去梅园里靠近水的地方找它们，跟赏梅的游人反着季节去。夏季，梅花不开的时候，梅园的门总是掩起来，对着里面喊一声，看门的才来打开。那时候的梅园可没有梅花，遍地滋生着野草，他一直朝着水边的方向走，知道"好东西"就要出现了。

蜘蛛在孵卵，甲虫凑在一起吃东西，豆娘在交尾，袁明辉关注它们的行为、环境中草叶的变化，在线条、图形、色彩的交错中，脑海里的构图逐渐清晰。太阳快落山时，一只蜻蜓停在一片卷曲的荷叶上面，阳光给蜻蜓披上了一层金纱，按下快门，就是《蜻蜓秀爱心》，这件作品在荷兰自然会谈国际摄影大赛和西班牙国际山地与自然摄影大赛拿到了高度赞扬奖，也是中国人第一次获得此奖项。而《青蛙王子的领结》在意大利国际自然摄影大赛上获奖，画面里，一只青蛙端坐在新生莲叶中，仿佛戴上可爱的红领结。这些作品不仅画面有趣，这也对生物行为的研究有很大帮助。

为了拍摄时不受打扰，袁明辉躲开人群，准备好食物，在武汉临近40℃高温的夜晚出没东湖，比如下午五点钟去，凌晨再回家。他印象最深的是2010年、2011年，梅园的蜻蜓曾多到不敢想象。野草高过了靠着湖水的木头栈道，每一个草叶尖上都停着三五只蜻蜓，水边树木的叶子下面也挂满了蜻蜓。蜻蜓有不同色彩，蓝红黄灰，电筒的光亮照上去便五光十色。

夜晚的东湖是童话世界，找虫子也更容易些，跟这些小动物待在一起的时候，袁明辉时常觉得自己拥有了世界，在大自然中，他有强烈的表达欲望，把照片都拍成了诗。

通过十几年的观察，他发现东湖每年的物种比较类似，常见的大概十来种蜘蛛，还有青蛙、蟾蜍等，就物种类型来说无法跟云南、广西的奇特性相比。有人问他为什么只关注普通的物种，袁明辉说："通过拍摄季节的变化，我知道了生命就像季节一样轮回；通过拍摄这些普通的小昆虫，我感觉到这些不为人关注的微小生命，就像平凡的人类，也有自己生活和生存的权利。"

他提到了一位美国国家地理摄影师的话："人类太自私了，很多的人拿起相机就是拍人，只关注自己、人本身，其实这个世界还有很多值得我们关注的生物"。他被这句话打动，发现原来自己也属于这类自私的人，决定把镜头调转方向。《阳光下的拥抱》，他拍到一朵虞美人弯曲着身体，另一枝正好伸进了它弯弯的颈部。"我觉得它们好像以前就在一起，所以想拍出这种恋人间的依偎感。"除了拍摄技巧，这种对于自然的人文关怀，也是让他拍出与众不同照片的重要原因。

袁明辉与自然里的小生物的亲近感，其实从很小的时候就表现出来了。他去外婆在省农业科学院的菜地里抓菜青虫，放到透明玻璃瓶里饲养、观察，午睡的时候放在床头忘记拧上瓶盖，几十条肉乎乎的菜青虫爬得满床都是，惹得全家人尖叫。

2001年，当他偶然在《大众摄影》杂志和《中国摄影》杂志上看到英国国际野生生物摄影年赛作品时，心在微微地颤抖，并且产生了强烈的共鸣。蜻蜓、甲虫交尾的场景，不是时常在农业科学院苗圃的院子里看到吗？他就这么拿起了微距镜头。

看到一只休息的蚱蜢，他拿着相机对好却先不拍，而是换位思考，"如果我是这只蚱蜢，在这里休息，生活被突如其来的外界因素惊扰，会不会只好离开赖以生存的熟悉环境呢"。袁明辉这样想象，便把不打扰它们作为前提条件，每一次拍照都是偷偷进行。他蹲守着，分析自然中微风对昆虫的影响，认真观察它轻轻抖动的身体是否发生变化，再慢慢靠近，练出了就算用镜头贴近一只蜻蜓，它也不会跑掉的本事。

关注自然中最普通的生物，是袁明辉创作的根本，东湖给了他一个完整的自然，衰败的枯叶、不起眼的毛毛虫、打了弯的小植物，都是对蓬勃生命力的解读。他拍下这些场景，把自己从大自然里面学到的东西分享给更多的人。

借艺术之手

东湖绿道无所谓起点，也不存在终点，隔一段路就会出现想为之停下来的风景。路边有驿站，骑行累了进去坐坐再继续，所以把绿道角落全走遍也不是没可能，只要你有时间。

其实绿道适合休息的地方还很多，甚至值得专门去待上大半天，如位于"湖林道"边磨山揽翠，茶园深处的东湖杉美术馆。负责人黄莲热爱动植物，除了每天修剪花草，最近还养了几只松鼠，松鼠们总是津津有味地啃食水果，丝毫不受人类影响，吃一阵又一溜烟跑去了背后的树上。

背后这片杉树林简直就是动物们的天然乐园，各种飞鸟、青蛙、蛐蛐、鸭子……鸣叫声此起彼伏，如同一支林中乐队。要是晚上住在东湖杉美术馆，早上根本不需要闹钟，鸟叫声就是唤醒你的背景音乐。

这里自然光也给东湖杉美术馆带来了不一样的景观，朝阳与落日，春夏与秋冬。树木随着季节变换色彩，从新绿碧绿转为深黄暗红，最后叶落。四时风物轮换，然后又是新的一年。

东湖杉美术馆几乎是和东湖绿道同时生长出来的新事物。很多年以后，等到它的建筑有了历经岁月淘洗后的色泽，连同周围苍劲虬曲的古树，细密层叠的青苔一起，都将成为无与伦比和无法复制的美丽。

东湖杉美术馆今天有多优美，过去就有多荒芜。2017年初，黄莲第一次来看现场时，东湖绿道还没有延伸到附近，用步行和骑行的方式到达这里只能是想象。

她回忆当时"最多能走到现在3号展厅的位置，再往前全是杂草、垃圾、蚊虫，人根本过不去"。后来通过无人机照片，才知道原来前方有那么大一片漂亮的湖水与杉树林。

如今看到的2、3、4号三间主体展厅，两年前分别还是废弃的猪圈、仓库和农舍，设计团队保留了原有建筑朝向，在格局布置上花了很多心思。东湖杉美术馆入口不大，但进门后越往里走越会让人感觉视线的开阔，有"以小见大"的意思。

黄莲介绍，如果去掉一些外部过道，建筑内部面积会更大，但设计师选择留出过道，最大限度保留了自然之美，让整体更为通透。这才使得美术馆里处处都独立却又能巧妙串联在一起，像一个新式"四合院"。

针对建筑外墙，设计团队沿用了曾经的红色砖墙概念，同时做了更新，并且把屋顶红瓦更换为新型材料，具有抗渗、抗老化、耐紫外线等特征，也便于打理，经过水的冲刷就能干净如新。

在植物的选择上，设计师尽可能保持原生态，如果需要增加植物，原则是避免"抢眼"，如种植非洲茉莉、竹子等，让刚刚从绿道自然景色里走来的人不会觉得突兀。

再说1号展厅，是一间带楼梯的黑色小屋，位于美术馆外，在参观者来的路上。改造前，它其实是周边农户为看守茶园修建的瞭望台。

当你遇到它时，观展过程就已经悄悄开始了。走上去朝里看，小屋是由镜子与透明玻璃组成的蜂巢结构，窗外的道路、植物和天空好像突然全都被收纳进这个空间并且延展，配置有点类似迷宫和万花筒，看出去似乎有无穷无尽的风景。

2018年年底，东湖杉美术馆正式开放。黄莲发现自从在这里工作、生活，曾经那些"珠光宝气"式的欲望明显降低，放在工作室的高跟鞋一次都没穿，只想穿平底鞋和宽松的衣服，觉得舒适才是标配。有员工还开玩笑建议应该买双跑鞋跑步，把过去仅存于意念中的健身变为实际行动。在大自然中做这些，光是想想就很有动力。

黄莲很羡慕美术馆旁边村民的生活，如他们的家附近地里有自己种植的各种蔬菜，应季的苋菜、豇豆、竹叶菜、黄瓜……菜场能买到的基本款都有，据说有些还是真正的农家种子，这样的蔬菜有股久违的清香。

在城市环境污染严重的今天，这样的环境几乎算得上是世外桃源。那些村民散养的鸡每天自由散步，吃虫子和谷物，于是在那里诞生的土鸡蛋味道也比市面上的更正宗。今年春天，黄莲在美术馆周围还意外发现了武汉很少见的苜蓿，烹饪后吃起来香甜可口。

东湖绿道全面贯通后，来回美术馆更方便了。黄莲经常会到四周的无名村落转转，看见老人们坐在大树下乘凉，不远处放着一堆古老的农具，狗在路边沉睡，一切都非常安静，像是遥远时期才会发生的故事。

把《倚天立象——沈爱其水墨艺术展》作为开幕首展，东湖杉美术馆策划团队成员解释："沈爱其的作品笔力苍劲，策展人张颂仁形容他的画'气韵生动，把山水草木画、林木画都融合了，有一种连贯性'。沈爱其笔下景致，无论是慢慢飞来的鸟，兰叶薇蕤的藤蔓，还是层峦叠嶂的山林，都与美术馆、绿道，以及整个东湖相得益彰。"

后来，有音乐人来到美术馆瞬间被这些作品打动，觉得"它们是有声音的"。2019年3月，一场音乐驻地创作计划就此启动，9位音乐人用展出的画作和东湖杉美术馆的自然环境为灵感，以"我的鸟慢慢飞来了"做主题，进行了为期八天的驻地创作。

演出当天，观众人数远远超出了预期的150人，黄莲估算有400人左右。在宇宙般辽阔的音乐中，那个夜晚的东湖杉美术馆仿佛包含了人间万事、天地万物。

目前，黄莲正在筹划东湖杉美术馆"公教部"。有一个比喻说，拥有强大公共教育功能的美术馆，就是一所向每个人敞开大门的艺术学校。公教方式有很多，它并非随意玩玩的套路或者单调讲座，而是以更亲民和贴近日常的姿态启发思想、激发体验，鼓励对生活本身的审美和审视。

采村民之气

东湖绿道依托着东湖山、林、泽、园、岛、堤、田、湾八种自然风貌，成为市民亲近自然的城市"生态绿心"。行走在东湖绿道边，林间鸟鸣清脆，湖旁微风习习，有人在这里健身长跑、有人环湖骑行、有人扎帐野餐……

这是喧嚣城市中的静谧乐园，生活在东湖边的人们更能够感受到改变，他们因为喜欢湖而安居在此，东湖绿道的建设使他们的日常生活愈发便利。春赏十里桃花，夏观荷塘月色，秋看枫林醉晚，冬日踏雪寻梅，住在湖边是一件特别美好的事情。

糯米刚搬到大李村的时候，村子里只有七八家手工匠人工作室，逐渐熟络之后，大家会说：糯米，你得多喜欢湖边生活，才愿意拖着老公、女儿一起来租栋房子住啊。在大李村，除了本地居民，唯一冲着居住而来的只有糯米家。她说带女儿来逛过一次就被吸引住，出门就是植物园、磨山，挨着东湖，每天跟自然离得很近，处处散发着原生态的香味。

糯米不是享受型的女生，面对空出来的这栋房子，一个月便把家搭了起来。拆掉墙面没用的饰物，收下朋友们闲置的柜子、桌子，再去二手市场淘一些旧家具，房子角角落落的改变都是她身体力行的结果。门口堆满了建筑垃圾的大院子琢磨着有一亩地，也被慢慢清理出来。她在大桃树的树荫下归置出来一块地当小孩的天地，放着蹦蹦床、滑滑梯、狗盆狗窝。拿一片当花园，再拿一块出来当菜地。

她从小在机关院子长大，并没有农村生活的经历，但儿时房前就有鱼塘、菜地、花坛，爸爸喜欢在地里折腾，还种了紫金花、指甲花、栀子花、夜来香，也同时在她心里种下了勤劳、朴实和对生活的热情。

自己打理花园，过程可没有社交账号上满园花开时呈现的那么美好，每次除草、浇水都超过3个小时，她见过每朵花开前的模样。"但凡美好的东西呈现出来，背后都是不容易的"，说完这句话，她指了指东湖的方向，"要呈现出这么好看的东湖绿道肯定也不容易，我很珍惜住在绿道边的生活。"

从家里走到东湖绿道不过几分钟，她跟老公一起骑车、带女儿遛弯，约着朋友快走每次往返至少12km，绿道串联起她工作之余的生活。

要照顾院子里的花草树木，糯米经常早起，掌握了扦插的技能，她可以让每一株草莓都分出好多枝来。不同季节里，她种下了蓝莓、桃子、无花果、树莓、葡萄、柿子、橘子，又收获了茄子、辣椒、豆角、玉米、西红柿、西兰花、菜薹、萝卜……

早晨的时光不能浪费，整理好院子，她约了村子里小确幸咖啡馆的lily、来年、冬冬一起去绿道边吃早餐。夏天，早上5点多，她们带上桌布、提着篓子，装好自酿的酒、南瓜糊，自己做的意大利面、自己烤的面包、冲好的咖啡出发了。梅园的湖边开满了荷花，把桌布散开铺到石头凳子上，围坐起来。平日里热闹的绿道，此刻仿佛被私藏起来，安静得不像话。春天的湖边有雾气缭绕，冬天则能拍到雪景，一年四季的清晨野餐，看得到不一样的风景。

绿道修好之后，交通变得更方便一些，之前不怎么来大李村的朋友也多了走动。她在院子里建了个小亭子，张罗着，跟玩音乐的小伙伴举办了一场场乡村音乐会，琴声在夜间响起，月落在眉梢。

刘蔚住到东湖边不是为了诗情画意，作为武汉东湖湖光村的原住民，她跟家人见证了东湖绿道的美丽蝶变，形容着自身的感受特别明显。

一直住在路边，大货车一辆接着一辆轰鸣而过，越到夜里越是明显，东湖绿道的修建让嘈杂混乱停止下来，大货车没有了，路也变得宽敞。周边生活空间的改变让她突然觉得有了幸福感，晚饭后揣把钥匙到兜里就能去绿道上遛弯、跑步，家的范围被扩大，绿道变成了家的一部分。她也有碰到曾经靠种菜为生的朋友，据说换工作去了绿道物业，大家聊天提到现在的生活，都表现出满意的神情。

刘蔚知道这一切来得并不容易。在20世纪末至21世纪初的时候，东湖周边排污管网和污水处理设施还很缺乏，东湖一度成为武昌、洪山地区的天然污水处理厂。作为东湖二十四景之一的曲堤凌波沿湖路景观道，也被作为武昌通往洪山、光谷的交通要道，每日汽车川流不息，城湖关系处于紧张的状态。

而近年来，武汉决心"还绿于城，还湖于民"，东湖的环境整治，大家都看在眼里。为整治污染开始退渔还湖，以保护湖泊环境、净化湖水为目的立体化生态养殖，又紧接着进行了六湖连通工程，与周边的严东湖、杨春湖等相连，将东湖的水变成活水。

东湖绿道修建之后，鼓励人们绿色出行，全线禁行燃油燃气机动车，只允许纯电力无污染的观光电瓶车、自行车和行人通行，或从湖面坐船游览。于是，绿道不仅成为市民日常休闲的公共空间，也改善了东湖边居民的生活空间。

前不久，刘蔚有朋友来武汉旅游，她带着伙伴在绿道的落霞归雁驿站租了自行车，一路骑行。曲港听荷、鹊梦回塘、落霞归雁、塘野蛙鸣。朋友都感叹，在浩渺的东湖之畔，绿道犹如一条"绿飘带"，连缀起数十个景点。"你家门口就有这么一块绿色生态宝地，真是幸福！"刘蔚觉得被羡慕的感觉不错。

图5-9 在东湖绿道上"收纳"所有无法复制的美丽 | 涂汉溪 摄

湖北省博物馆

湖北省博物馆，坐落在东湖之滨。这座拥有曾侯乙编钟、越王勾践剑等国宝的博物馆，从1959年起就落户在这里，在东湖的风景中，注视着岁月流长。

湖北省博物馆馆长方勤的办公室与东湖咫尺之遥，步行不到20分钟，就能去逛上一会儿。他执掌的博物馆与东湖相依相伴，两者之间似乎已不是单纯的地理关联，更像是互相熟识的老友。

"东湖绿道建成前，对于它将带给东湖的提升作用，我们是有一定的心理预期的。不过，当东湖绿道建成以后，它对东湖、东湖周边、武汉甚至湖北所起到的形象提升、关注力带动，远远超出了我的预计。"方勤说，如武汉大学的东门、沿湖的老城区，在东湖绿道建成之后，面貌上、气场上都有了质的飞跃。

而对于湖北省博物馆而言，东湖和东湖绿道可不是邻居的概念。因为，在东湖景区的规划中，湖北省博物馆就是其中一个组成部分。所以，无论是东湖风景区还是东湖绿道，湖北省博物馆都是其中的重要一环。

"我们密不可分。"方勤说。

东湖绿道与湖北省博物馆，都代表着湖北与武汉，一个红颜秀色，通达中带着时尚与动感，一个淳厚丰美，有荆楚历史的厚度也有现代设施的轻盈。

沿东湖绿道，有放鹰台、楚城、行吟阁等一系列楚文化人文景点，湖北省博物馆的馆藏则代表着楚文化的精华。这就是一串项链，有散布在项圈上的珍珠，也有吊坠上的璀璨宝石。

它们是一个整体。在方勤眼中，东湖、东湖绿道和湖北省博物馆是"门当户对"互相匹配的城市地标，"东湖是全国体量最大的位于中心城区的湖泊，在全国是第一；东湖绿道，是世界级的绿道；湖北省博物馆在博物馆界排名靠前，拥有举世无双的曾侯乙编钟。"

东湖、绿道与博物馆，代表着自然、人文，以及自然与人文的交融互动，它们在地理上互相交织，在气质上各有所长，在吸引力上能量相当。

这样的搭配，几乎完美。

说到东湖，总会让人先想到朱德的"东湖暂让西湖好，今后将比西湖强"，而数十年间，不断有各种声音，从学术到民间，将东湖与西湖进行不同角度的比较。

方勤说，其实不存在东湖、西湖谁更强的问题，从布局和文化内涵上，这两者存在不少共性。例如，浙江省博物馆在西湖畔，湖北省博物馆则在东湖畔。博物馆与湖泊所构成的风景与衬托，让它们彼此照耀，这既是最好的设计，也是一种特殊的仪式感。

"而我们，还有世界级的东湖绿道。"方勤说，这无疑是更具特色的一点，从感受上来说，东湖绿道的建成，让东湖更具有辨识度，从功能上更丰富、更完整。

东湖绿道，绕行东湖景区。湖北省博物馆，就是这道风景线上的珍宝。

东湖绿道加上湖北省博物馆，俨然已经是武汉人心目中非常完美的一日游路线。在绿道上散步、骑行，在湖北省博物馆看馆藏，听编钟表演。一次行程，既涵盖着湖水与山色，风与阳光，花鸟与树木，也涵盖着几千年的楚音古韵，几千年前的神秘与历史的浩渺。

从物质到精神，皆可满足。东湖绿道带来的远不止是一个拥抱大自然的地点，这条高水准、大体量的绿道，注定会吸引更为多样性的目光。

得天独厚的地理环境和道路标准，东湖绿道是优质赛道，武汉马拉松连续进驻。而这一国际化的赛事，也让东湖绿道的极佳风景进入了全世界的视野。

从第一届开始，武汉马拉松后半程赛道都设在东湖绿道。东湖绿道沿途的秀美风光，让对抗疲惫的选手们眼前一亮，激起无穷动力。在这一天，他们从清早开始，在穿行了汉口的繁华、武昌的温存之后，在欣赏了城市的高楼与华丽、跑过了长江大桥这样的历史坐标之后，他们万万没想到，自己正在一步又一步跑进大自然。

湖畔风轻，水天同色，除了武汉，再没有哪一座城市，可以在马拉松的赛道上提供这样的惊喜，在一座城市的中心舒展这样的山水画卷。

武汉之美，东湖绿道之美，迅速传播开来。

2019年，更大的惊喜来了！武汉马拉松赛道上，曾侯乙编钟惊艳亮相。一比一的编钟复制件，庞大又华美，它奏出的乐音浑厚又悠扬。它不同于这世界上的任何其他乐器，只有编钟，在每一个音符响起时，都有时空穿越的意境。

东湖绿道、马拉松、编钟，三位一体，吸引了无数目光。一个组合，如果可以将体育与人文无缝融合，也就没有什么可以阻挡它们的了。

眼下，湖北省博物馆正在进行升级改造，2020年将以全新的面貌示人。"世界级的绿道，世界级的博物馆。"方勤说，这是他心中的目标。而他特别希望，能在湖北省博物馆周边形成一个集文化、休闲于一体的东湖绿道核心中继站。而他的这一设想，既带着深深的情感，也有认真的考量，"这里有湖北省博物馆、湖北美术馆、东湖国际会议中心、梅岭一号，在东湖绿道的这个节点上，聚集着这样一组文化机构，对游人来说，在东湖绿道上游玩之后，再到这里来休闲娱乐、品味文化，这该多么完美。"

独特的自然风貌与独特的文化，可以达成彼此促进、彼此辉映的效果。东湖绿道和湖北省博物馆长相守、长相照。

⬭ 湖北美术馆

艺术家、湖北美术馆艺术总监傅中望长年与东湖为邻，对它的长天秋水，白鹭红荷，他都了然于心。作为中国雕塑学会副会长，长期从事雕塑与公共艺术的创作，傅中望对东湖绿道建成后的景观变化也一直认真观察着。

东湖绿道一、二、三期先后建成开放，来到这里的武汉人惊讶地发现，绿道上不仅仅有美景、道路、绿植，还有很多景观雕塑。

在水杉林中的人偶，在落雁路边的红椅子，在花草坡地上的方尖碑……这些雕塑，不同于以往景区中那些传统的人物或动物雕像，它们新颖、新潮、新锐，既具有时尚的美感，也具有十足的新鲜感。

不少人感叹："没想到，你是这样的一条绿道！"

"东湖自身的自然环境条件已经非常好了，辽阔、深远、丰富。如果要继续提升它，需要做的，就是人文内涵的注入。"傅中望说，景观雕塑的介入为东湖绿道带来全新的视觉冲击力，也赋予了绿道更多、更深的文化内容。

东湖绿道华侨城湿地公园，有60件雕塑的小样展示；在华侨城生态公园，有数量不少的现代雕塑、装置。它们一经亮相，便吸引了大量游人的关注。

外地游客总是看得津津有味，觉得它们是东湖绿道里一段非常特别的存在。

本地市民也喜欢在这些地方驻足，在某一个夕阳西下的傍晚，站在一只巨大的眼睛雕塑下，你可以慢慢看着眼睛中的天空，由暖橙色一点点变成夜的黯蓝。

这些艺术品不是端坐在美术馆中的高冷展品，它们就在路边、水岸，在花丛中、草地上、树林里。

可看，可触，甚至可以互动。

在水边，那个静坐的天使人像，常有人跟在它身边落座，跟它一起肩并肩看湖水荡漾；那个由金属线勾勒出的江汉关大楼，每个路过的人都想跟它合个影；那些镜面的大伞，年轻人喜欢举着手机拍下映在伞面上的自己；一虚一实两只狗的塑像，是孩子们最喜欢抚摸的对象……这些现代艺术品，成批量地走近普通人，成为他们日常生活的一部分。

"美好的自然环境，其实是景观雕塑与装置的福地。"傅中望表示，在大自然中，视野开阔，雕塑的体量通常可以做得很大，在抓取注意力和营造气氛上有非常好的效果。

体量大小之外，一件艺术品所具有的美感、逻辑，它与环境或互相衬托或互相对撞产生的感染力，也会赋予雕塑与环境更为丰富的内涵。

当你在满眼青翠的绿道上漫步，走着走着，眼前突然出现几把高耸在半空的椅子，这样的视觉冲击力是相当令人难忘的，它产生的强烈反差会带动着人的思路，吸引人去思考、去体会、去联想。

艺术品与人的情绪、情感、观念由此互动，并从中产生共鸣，形成记忆点。

"表面看，这好像只是关联着一件雕塑，一条绿道，一个东湖，但事实上，这也关联着一座城市，以及这座城市的文化、气质、形象。"傅中望说，近些年来，在公共空间中运用现代雕塑，在武汉已有多次尝试，无论在闹市商区，还是东湖绿道，如今看来效果都是很不错的。这也说明，武汉，这座拥有"设计之都"称号的城市，可以用这样的方式表达自己，与人共鸣。

现代的公共空间雕塑，在造型、材质、技术、表现手段等方面都与传统方式不可同日而语，它们所带来的想象力和艺术张力也不断突破人们的观念和思想。在东湖绿道上，这些雕塑、装置的存在，让绿道在生态、健康、动感之外，又加上了一个艺术标签。

傅中望认为，东湖和绿道这样的资源是非常宝贵的，拥有它们是武汉的幸运。而要将一座城市的精神在宽度与厚度上进行延伸，则需要规划管理者、城市决策者有更丰富的生活感受力、更高的人文目标、更大的视野和格局。

"以前我们总说东湖好，东湖好，但是东湖跟西湖一比，差距就出来了。"他说，这其中的原因就在于，东湖缺少一个具有高辨识度的特征，一个独有的标签，一个能与本土产生呼应、与世界产生共鸣的文化内涵。

当艺术品和东湖绿道结合在一起，它们所产生的火花是明显的。

傅中望特别希望能够更好地利用东湖的自然环境条件，开启一个国际级的雕塑艺术展项目，能够吸引国际一流的大师带着作品前来武汉、来东湖、来绿道，"这样的机会，将能够让东湖走向国际。"

他举例，湖北美术馆的国际漆艺三年展，今年将举行第四届，"经过前几届的培育，如今这个展在国际上也负有盛名。"东湖绿道，有着如此得天独厚的自然条件，如果能以此为基础开展高规格、可持续的国际艺术文化交流活动，无论对东湖绿道还是武汉这座城市，都会是有力的形象推广与提升，武汉、东湖、绿道完全有机会进入国际视野，形成荆楚文化的重要标签。

图5-10 好的绿道就像好的公园，绿道作用的核心思想还是要回归人的视角，满足人的诉求 | 俞诗恒 摄

后 记

绿水青山间生出数条缎带。东湖绿道的出现，串联起东湖里的山、水、树，自然的诗意照进城市生活，犹如徐徐展开的明丽水彩画邀请人们走入其中。

东湖绿道项目自2014年启动以来，便引得世界关注。参与该项目的政府部门、规划单位众多，大家共同抱着同一个目标展开工作，以期让东湖再次成为武汉的名片、城市的绿心。

规划与建设人员投入大量时间与精力，日以继夜地实地走访、勘测，用各种方式获取东湖的一手资料。他们细数了东湖里的村落，丈量了每一段路线，挖掘了市民对东湖的想象，规划图纸上的东湖绿道逐渐清晰。而图纸变成现实的过程，是各部门的通力合作，是各设计机构的专业策划，是中西方观念的碰撞，更是参与者对城市建设的热忱与诚挚。

2016年12月底东湖绿道一期工程建成，2017年12月底东湖绿道二期建成开通，与一期"无缝"成环，形成百公里绿道景观，使其成为武汉市生态新名片。东湖绿道实施规划受到国内外广泛关注、备受好评，参与项目规划实施的专家、成员感触深刻，他们丰硕的工作成果为本书的编写提供了宝贵资料。

特别鸣谢湖北省自然资源厅、武汉市重点项目督查办公室、武汉市东湖生态旅游风景区管委会、武汉市园林和林业局、武汉地产集团、武汉旅游发展投资集团有限公司、武汉东湖绿道运营管理有限公司、武汉市园林建筑规划设计研究院、武汉市政工程设计研究院有限责任公司等部门及单位在绿道建设中的艰辛付出，东湖绿道众志成城，才有了今天站在世界面前的这幅美好画卷。

东湖落在城中，有花香、有鸟鸣，是自然的歌声飘入城市。东湖绿道的建成，是人与自然和谐共处的探索与实践。这样的探索将一直延续，希望这本书能够帮助城市规划相关部门、企业和爱好者，共同推进生态文明与城市建设的发展。

编 者

2020年9月8日

2019

2018.5.9
首届上海合作组织成员国旅游部长会议在武汉召开，期间各国旅游部长们乘游船游览东湖，兴致盎然。

2019.2.27
武汉市第十四届人大常委会第二十次会议审议了《武汉东湖风景名胜区条例（修订草案修改稿）》。修改稿明确实施最严生态保护，拟提高处罚额度，对东湖景物、水体、山体等造成破坏的，最高将处以20万元罚款。此外，任何单位和个人不得擅自挖掘东湖绿道或者占用东湖绿道施工。因建设需要临时挖掘或者占用东湖绿道施工的，经依法批准后方可实施。

2019.3.6
由全国总工会牵头，水利部与中国农林水利气象工会联合主办，长江水利委员会承办的"助推绿色发展 建设美丽长江"全国引领性劳动和技能竞赛第一阶段结果揭晓，武汉东湖获评"长江经济带2018年最美河流（湖泊）"，成为唯一入选的城中湖。

2019.3.7
央视全国"两会特别报道"聚焦东湖绿道。央视新闻频道《美丽中国》直播东湖春色美景，称赞东湖是"改善城市公共空间的典范"。

2019.3.24
武汉东湖绿道大学生樱花半程马拉松开跑。这次马拉松吸引了来自28省市、208所高校的4500名大学生和留学生代表，赛事选手基本覆盖全国及主要高校，这在一向比较地域化的半程马拉松赛事中极为罕见的。

2019.4.11
根据东湖风景区发布的监测数据，东湖是大子湖——郭郑湖40年来首度监测到Ⅱ类水，全湖近50%水域达到Ⅱ类水质，创下40年来最好水平。

2019.5.22
3000多名健身爱好者在武汉东湖绿道磨山楚城广场参加"OH RUN 2019欧亚达健康跑"活动。活动赛道是第七届世界军人运动会公路自行车等项目赛道，沿途景点密布、风光秀美。

2019.7.31
人民日报客户端和人民文旅研究院共同发起"寻找我身边的最美步道"征集评选活动，评选出了"2019人民之选——中国新美步道TOP10"，武汉东湖绿道名列第三。

2019.10
东湖作为武汉世界军人运动会公开水域游泳、帆船、公路自行车、马拉松四大项目的主赛场，被誉为最美山水赛场。

蝶变
东湖

武汉东湖绿道位于武汉市东湖风景区内，是国内首条城区内
5A级旅游景区绿道。

101.98

东湖绿道
全长

听涛道

东湖绿道串联起东湖磨山、听涛、落雁、渔光、喻家湖五大景区，由湖中道、湖山道、磨山道、郊野道、
听涛道、森林道、白马道主题绿道组成。

听涛道听涛赏梨，看梧桐秋色；湖中道池杉林立，感大湖气魄；白马道十里桃花，寻白马踪迹；郊野道
枫林醉晚，赏田园画境；森林道登高观湖，享山水之乐；磨山道磨山倚翠，品楚风汉韵；湖山道荷红茶香，
揽湖光山色，展现了东湖"旷、野、书、楚"的大美特质。同时在绿道沿线建设了湖光序曲、落雁归霞、
梅园全景、磨山揽翠、白马洲头、南门驿站等门户景观区域，以及若干智能便利的绿道驿站，集综合管理、
商业服务、交通接驳、景观形象、安全保障、科普和文化教育等多种功能，实现便民服务。

7 → 条主题绿道

听涛道　湖山道　磨山道　湖中道
白马道　郊野道　森林道

9 → 处门户景观

　湖光序曲　全景广场　白马洲头
落霞归雁　磨山揽翠　南门驿站
一棵树　梅园踏雪　梨园广场

 > >

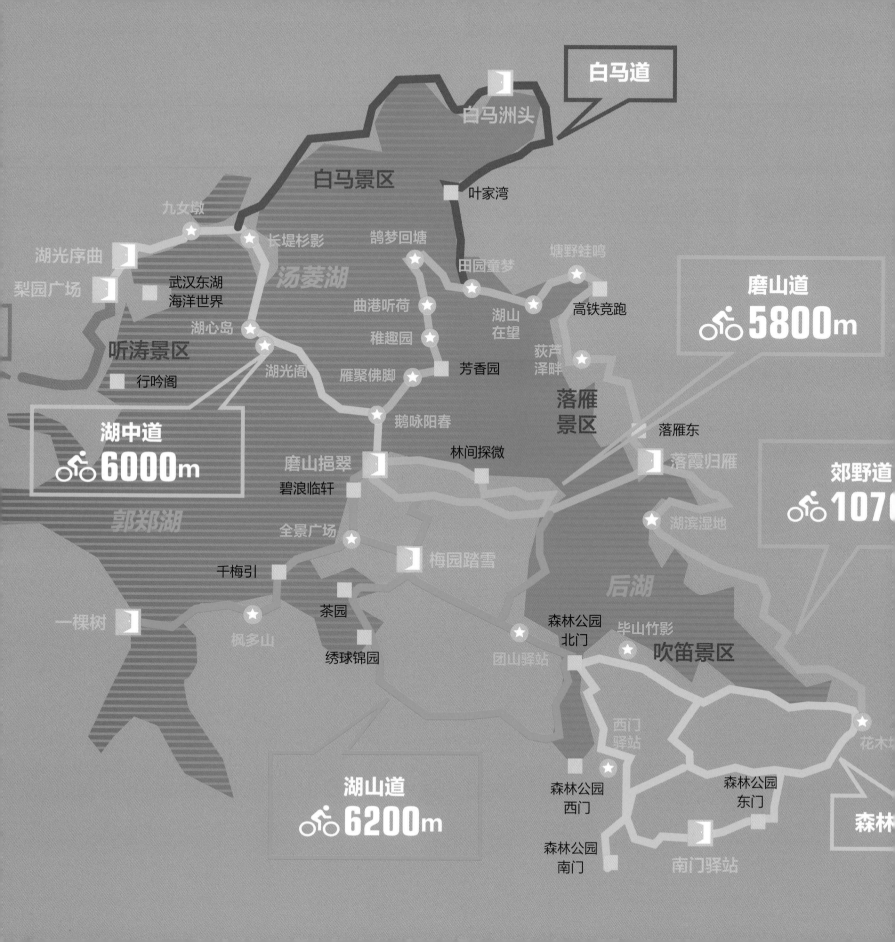

东湖绿道一期
2015 ~ 2016

东湖绿道串联起东湖的磨山、听涛、落雁三大景区，打造湖中道、湖山道、磨山道、郊野道 4 条主题绿道以及 4 处门户景观、8 大景观节点。

全长
28.70km

东湖绿道二期
2017

串联起磨山景区、武汉植物园、马鞍山森林公园等生态旅游景区资源，与一期绿道扣环成网，形成百公里绿道景观。

全长
73.28km

东湖绿道三期
2018 ~ 2019

三期工程主要是按照"一塘一景一品"的原则，带动东湖整体协同发展，为打造世界城中湖典范、世界级城市生态绿心奠定坚实基础。
重点对已建成的东湖绿道一、二期进行文化、环境、配套、运营等方面综合提升，带动东湖整体协同发展。

对已建成的东湖绿道一、二期进行环境、配套、运营、文化等方面综合提升

东湖绿道自 2016 年年底开通以来，接待游客总量近 **4000** 万人次

高峰期日人流量可达 **30** 万人次

80%
15~44 岁
的游客

东湖作为第七届世界军人运动会公开水域游泳、帆船、公路自行车、马拉松四大项目主赛场，因其辽阔的水域、良好的水质、优美的绿道，被誉为最美"山水赛场"。

马拉松赛道 **42.195** 公里

公路自行车赛道 **17** 公里

共涉及绿道约 **40** 公里

0m

道